野犬の仔犬チトー

伊藤比呂美

Ito Hiromi

光文社

野犬の仔犬チトー

Contents

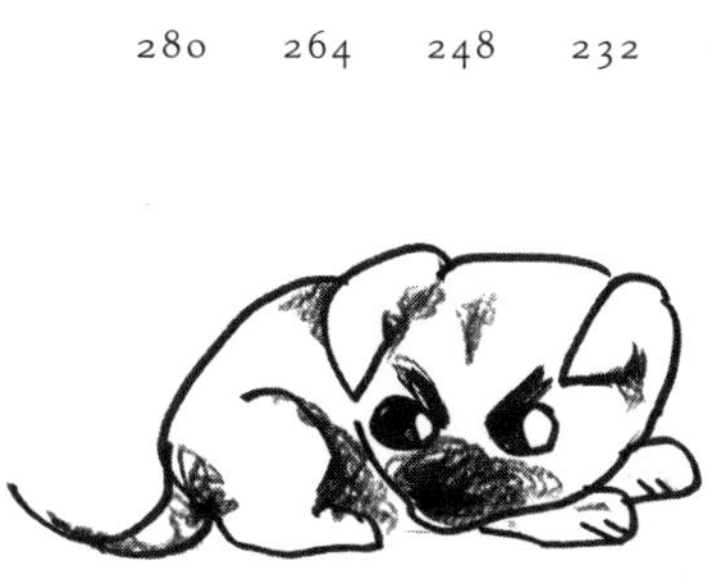

装幀　アルビレオ
装画・本文イラスト　伊藤比呂美
写真　鈴木智彦

比呂美おかーさん

詩人。65歳。カリフォルニアから熊本に舞い戻ってきて犬猫たちと暮らす。
室内園芸好きでもあり、家の中に50鉢以上の鉢植えがある。

クレイマー

6歳。雄。カリフォルニアから連れてきたウルフ色のジャーマン・シェパード。

メイ

1歳。雄。灰色キジの大型猫。
1年前に阿蘇の奥の森の脇の水源の池守さんからもらい受けた。生徒会系の頭脳派。

テイラー

1歳。雄。茶キジの大型猫。メイの兄弟。体育会系の甘ったれ。

チトー

推定3か月。雌。野犬。

ニコ

16歳。雄。パピヨン。カリフォルニアに置いてきた最古参犬(生きている犬の中では)。

1　森のお母さんに教わった知恵

保健所から野犬の仔犬《こいぬ》を引き取ってきました。２０２０年の春のことです。人馴《な》れしてないのでケージから出てきません。先住犬のクレイマーは無反応です。兄弟猫のテイラーとメイはしきりにのぞきに行きます。ほっといてやりなと言っても、まだ行きます。

引き取ってきたその顛末《てんまつ》をまず話しましょう。

そもそも私は、仕事につまったときや手持ち無沙汰のとき、動物愛護センターのＨＰをのぞくフシギな趣味があるのでした。ただのぞくだけ。いやそれだけでもないですね。実はクレイマーにもそうやって出会ったわけです。そして当時はコロナ禍で家にいました。もう一匹と考えないでもなかったのです。

そのとき、「譲渡犬」じゃなくて「保護犬猫」のページに仔犬の写真が載っていました。仔犬はめずらしい。載ってもすぐ（引き取られて）いなくなってしまいます。生後2、3か月の仔犬で、暗い目つきでうずくまっていました。「雑種」「人馴れしていませんので辛抱強く育てていく必要があります」と書き添えてありました。その目つきが気になって、なんだか忘れられなくなりました。

これも縁だ。そう思って保健所に電話してみました。出来心というやつです。だれかに引き取られればいいし、殺処分されるなら引き取る、とその程度の気持ちでしたけど、まあ、こうして電話をこちらからするというのは、心の奥の方ではかなり覚悟がきまっているといってもいいわけです。「今はあまり殺処分はしませんが」と保健所の人は語尾を濁して、「今は担当者がいないから、月曜日にこちらから電話します」と言いました。

月曜日、待ってましたが、電話はかかりませんでした。

これも縁だ。そう思いました。しつけの行き届いた、おとなしい犬が一匹、陽気な若猫が二匹。植物がいっぱい。とっても快適だし、留守をするときもなんとかやっていけてるし、この平穏な生活がこのままつづいて何の問題もない……。

火曜日の朝に電話がありました。

捕獲された野犬の仔犬だとそのとき聞きました。私は、野犬が日本にいるということすら知りませんでした。担当者は若い女の声で「人馴れしてませんから、引き取っていただいてもむずかしいかも」と何度もくり返し、「一度来ていただいて」と言い、私は即座に「行きます」と答えたのでした。

　隣の市の保健所でした。熊本市内から1時間近くかかりました。市街を抜けると、家やお店や畑が入り交じった郊外になり、田畑になり、ところどころに森があらわれ、人の家があり、小さな商業施設、そしてまた田畑、そんな風景の終わりに、殺風景な保健所の建物がありました。

　入っていって案内されたのはただの事務室、動物なんて一匹もいない場所でした。「ほんとうに馴れてないんですよ」「母犬からいろいろ教わっていますから、人間は怖いものだとか」「ずっとこのまま馴れないとですね……」と若い女の担当者の話す語尾は、マスクで覆われていたせいか、聞き取れないくらい曖昧になって消えていきました。厳しいお仕事ですねと言うと、彼女は苦笑しながらうなずきました。

　案内されたのは、霊安室のような四角い建物でした。それまで犬猫の声はどこからも聞こえてきませんでした。重たいドアを開けると、いきなり犬猫がわあわあとわめいて、暗がりに目が慣れると、檻《おり》がいくつもあるのがわかりました。

「この犬です」と担当者が指さすと、それが例の仔犬でした。小さな檻の中でうずくまっていました。小さな体で、何も信じられないという目でぎょろっとこっちを見ました。

「実はもう一匹、捕獲されたばっかりのがいるんですよ」と担当者が指さすと、そこにも同じような仔犬がいました。「こっちの方が馴れるかもしれません、少しだけ馴れやすそうに思えます」

きょうだいですかと聞きましたら、「まったく別のところで捕まりました。野犬の仔犬はみんなこうなんです」と担当者が言いました。「みんな日本犬みたいで、口が黒くて。仔犬はわりと捕まるんですが、母犬は捕まりません」

例の仔犬は2週間前に捕獲されたということでした。外に出されることはなく（日にあたることもなく）、排泄《はいせつ》はそこで垂れ流し、ということでした。

2週間、その霊安室みたいな室内で、うずくまることしかできない檻の中で、仔犬は、こわいこわいこわいこわいとだけ考えて、うずくまって生きていたのかと思いました。

「馴れない犬は、引き取られても返されてくることが多くて、そうするとどうしても……」と担当者はまた語尾を濁して言いました。「この子を引き取ります」と私は言いました。

でも二匹いる。

もう一匹は……。

もう一匹は……。

考えに考えたんですが、無理でした。昔、親に「そんなもの飼えないよ、拾ったところに捨てておいで」と言われました。何回も言われました。今は私ひとりで決められる状況ですが、どれだけ考えても、やっぱり無理でした。「二匹とも連れて帰りたいけど、無理なんです」と私は語尾を濁さずに担当者に伝えました。

世話係の男の人が仔犬の首ねっこをすばやく躊躇《ちゅうちょ》なくつかむと、仔犬はもがいて、おしっこをあたりいちめんに振りまき、そのまま私の持参したキャリーに入れられ、というより突っ込まれ、私はそれを車に積み込んで家に帰りました。

3月2日

クレイマーをアメリカから連れてくるときに使った大型ケージを組み立てて、仕事部屋に運び入れ、その中にキャリーを入れて、ふたを開けておいた。水と餌はケージの中に置いた。

仔犬はぜんぜん出てこなかった。キャリーから半身出て餌を食べるのが、ケージの小さな格子窓から見てとれた。

クレイマーは、保健所にも連れていったのだが、車の中に仔犬のキャリーを入れたときも、仔犬が吐いたときも（車の揺れに酔ったのだと思う）ひと言もなし。家に帰りついても、反応なし。

一方猫たちは、興味がありすぎて抑えられない。ティラーはケージの上にすわり込んでじっとのぞき込んでいるし、メイはケージの中に忍び足で入っていく。ほっといてやりなと言っても、まだ行く。

3月3日

野犬の仔犬、夜のうちにケージを出て、私のベッドの下にもぐりこんだようだ。

朝。私が起きたときには、すでにベッド下にいた。

餌をベッド下に差し入れてやったけど、食べない。それをメイが食べようとしてしきりに近づく。ティラーも近づく。

メイ130、ティラー97、クレイマー1。関心の度合いを数字にするとこうなる。クレイマー、なぜこんなに低いか。

やがて、仔犬が籠城中のベッドの上にクレイマーがどすんとすわった。そこがクレイマーの定位置なのだった。仔犬はいよいよ、出たくても出られなくなったわけだ。

このままずっとそこにいるかもしれない。家の中にこういう生きものがいるというのは、妖怪みたいで案外悪くないかもしれない。しかしこのままそこで成長したらどうなるか、四角くて短足の、四角いスイカみたいな犬に成長するんだろうか、などとあれこれ考えてみるが、ある日とつぜん、そこらの柴犬《しばいぬ》みたいに、にこやかに出てきて甘えてくるようすだけは想像できない。

それでも、あの檻《おり》の中でうずくまっているよりはいい。こわいこわいこわいこわいと思いつづけて、ある日とつぜん命を断たれるよりはいい。

夜。うんでもすんでもないのでほんとにいるのかどうか心配になって、iPhone をベッド下に差し入れて写真を撮ってみた。するとやっぱりいた、野犬の仔犬。暗がりの中の顔が写った。子どもの頃

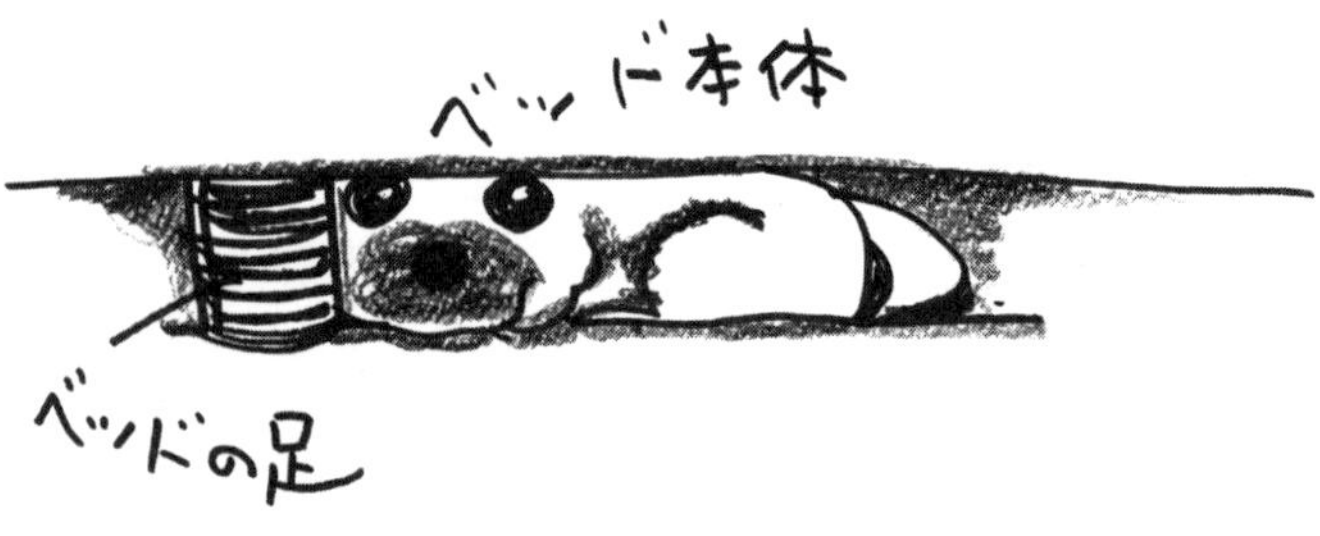

に見た『わんわん忠臣蔵』の主人公がこんな顔だったような気がする。63年の東映アニメだ。丸顔で、口が黒くて耳が垂れている。そして臭い。めっちゃ臭い。『わんわん忠臣蔵』の主人公も、たしか、野犬だったか、山犬だったか。こんなに臭かったかどうかは知らないけど。

餌は、犬用カリカリを鶏のスープでやわらかくして、ゆで鶏肉添え。それをベッド下に「お供え」みたいに差し入れて、置いておいたら、いつのまにか空になっていた。ぜったいに仔犬が食べたのだと思う。

3月4日

朝。がさがさ音がするから見てみると、野犬の仔犬、ベッド下から出てきて、メイを遊びに誘っていた！　誘われたメイは当惑して、体をくねらせ、遊んでいいのか、パンチすればいいのかわからなくなって、そのまま固まっていた。

朝食。餌の「お供え」はやめて、ベッドの横の床の上、ややドアの近くに置いてみた。

餌を置いて、ドアを閉めて、クレイマーと散歩に出た。

散歩から帰ったとき、仔犬の餌がまだあったので、クレイマーにガツガツ食べられてしまった。それでまた同じものを同じようにそこに置いた。今度は出てきて食べた。とてもおいしかったらしい。


仔犬、ちょくちょくベッド下から顔を出すようになった、というのは気のせいかと思ったが、やっぱり顔を出すようになっている。

ほら、また出た。

顔だけじゃなく身体《からだ》も出す。またすぐ引っ込む。猫と遊びたそうにしている。でも私がちょっと動くと、ものすごい勢いでベッドの下に逃げ込む。

仔犬がベッド下から顔を出してちょうど届くところにジャーキーを置いて、口笛を吹いてみた。仔犬の顔が出てきて食べた。それでまたジャーキーを置いて口笛を吹いた。また仔犬の顔が出てきて食べた。これを何度もくり返したので、口笛を吹いて犬ジャーキーを置いたら、ぱっと食べるようになった。それでも私のことはとても怖いらしい。私がちょっとでも動くと、勢いよくベッドの下に逃げ込む。

ジャーキーにつられて顔を出した仔犬、猫にパンチされたか、きゃいーんと悲鳴をあげた。ちょうど手の届くところにいた。それでつい抱き上げたら、とたんに暴れて、きゃいーんどころじゃない大声で泣きわめきながら、おしっことうんこをもらして、私の指と頬と口を嚙《か》んだ。

抱き上げるべきじゃなかったと悟ったが遅かった（ここまで0・3秒）。泣いてるものを見たら、どうしたどうしたとつい抱き上げたくなるのが親心だった。

テトに嚙まれたナウシカを見倣い、「くっ」とうめいて平気なふりをして、「だいじょうぶ、こわくない」とささやきながら抱っこしていると、仔犬、暴れるのをやめ、おとなしくなった。そのまま、頭や鼻をゆっくりなでると、されるままになっていたが、私にはわかった、テトが心底からナウシカに敬服したのとはちょっと違った。

熊や嵐や悪い人間が来たときには、じっとして悪いやつがよそに行くのを待つ。これは仔犬が、森のお母さんに教わった知恵だった。

悪い人間は、その知恵を利用して、かなり長い間、10分間かもっと、仔犬を抱きつづけていたのだが、その間、仔犬は教えを守って、ひたすらじっとしつづけていた。しかしながらその臭いこと……。そして毛づやの悪いこと……。

野の動物のニオイだった。ときどき、山を歩いていると、藪《やぶ》の前でむあっと臭って、あ、きっとここにイノシシかタヌキがいた、と思うときがある。そういうニオイだった。クレイマーは体臭の強い雄犬だが、それでもここまでは臭くないのだった。このままこれをお風呂場に運んで洗ってやりたい衝動に駆られたが、まあ待てと、自分をなだめて落ち着かせた。年取るというのはすばらしい、30代だったらぜったい動いて、力でネジ伏せながら、仔犬を洗い立てていたに違いない。でも60代の私は我慢してすわりつづけることができた。

抱く手を解いたら、仔犬はたちまちベッド下に逃げ込んだ。でも、その後、餌をやったらすぐ食べた。

嚙まれた唇からかなり血が出た。嚙まれた頰は腫れて痛々しかった。少し経《た》つと人前に出るのがいやなほど腫れあがったが、さいわい今はマスクで隠せる。ナウシカが、指じゃなくて、顔や唇を嚙まれていたらどうしたろうと考えた。

夜。クレイマーが私の部屋に寄りつかなくなったのに気づいた。おかーさんのベッドが自分の居場所だったのに、今は、その下に、見慣れない、嗅ぎ慣れないニオイのだれかが常時いるわけで、そりゃ行きたくもなくなるだろうなと私は同情した。

猫は二匹とも、起きているときは、執拗《しつよう》に仔犬をガン見している。さいわい猫たちはいつも寝ているから、仔犬はそこまで凝視されずに済んでいる。

3月5日

朝。5時頃。

とことことことこ歩いている音で目が覚めた。野犬の仔犬が、ベッド下から出てきて、私の部屋じゅう歩きまわって、屈託なく、子どもらしく、探検していた。

私はしばらく寝たふりをしていたが、他の動物たちは当然ながら気づいていたわけで、起き上がったときにはみんな厳戒態勢に入っていた。クレイマーは隣の部屋の窓際に避難して、猫たちはひたすらガン見。

さて、私が起き上がり、仔犬はベッド下に逃げ込んだ後、室内を見まわすと、うんちがひとつ、ぽとりと落ちていた。おしっこは部屋じゅうにしてあった。部屋じゅうがおしっこくさく獣くさいから、気づかなかったんだと思う。

猫はすごい。来た瞬間から排泄はかならず猫トイレにすることを覚えた。しかしこの、犬という生きものたちの、お尻の始末のわるさ。どうしてこうも違う？

7時前に散歩に行った。雨の後でどこもかしこも濡《ぬ》れていた。いつもいる野猫が河原の草むらに潜んでいた。クレイマーは嗅ぎつけて探したが、見つからないので焦《じ》れて吠《ほ》えた。その野猫はみかん色で草むらではとても目立つのに、頭を低くして固まっていると、犬の目には見えなくなるのだった。

野犬の仔犬が、ベッド下で何かをかじっていた。そこに古典全集の空き箱が積んであるのだが（本体はちゃんと本棚にある）、今はそれじゃない、もっと重たいものをかじる音がしきりに聞こえた。ベッドの脚かもしれない。しかたがない。

森では何を食べていたんだろう。犬は狩りがヘタなのだ。クレイマーも、ウサギや猫やキジバトを、必死で追いかけるのに、獲《と》ってきたためしがない。あ、このウサギというのは、カリフォルニアでのことですよ。

私がベッドにすわり、猫じゃらしを揺らすと、猫たちは床から伸び上がって遊んでいたのだが、ベッドの下で、どたどた何かがさかんに動く音がした。

遊びに加わりたくてたまらない音だった。

そのうち、仔犬の手や顔が出るようになった。それから、全身が出てきて、跳ねまわり、猫を追いかけ、私の部屋から出て、台所に行き、濡れたタオルを引きずってき、ゴミ箱からプリンのカラ容器をもってき、猫に叱られ、クレイマーに叱られ、でも懲りずにまだやっている。仔犬が、屈託なく、無邪気に、そして不器用に遊んでいる。

仔犬が猫に遊びかかる。

猫の方が均整の取れた体つきをしている。仔犬は頭が大きすぎて、首輪が締まりすぎていて（保健所でつけられた首輪だが、さわらせてくれないから、ゆるめることもできない）、おしりがきゅっと小さくて、そして足が長い。ものすごくアンバランス。毛はふかふかだけど、汚れて垢《あか》まみれ。そばに近づけないから、気にならないだけだ。

仔犬につかつかと近寄られ、人間なら「近いよ」と言うくらいの距離まで顔を近づけられた猫たちは、メイはしゃーっと言い返し、テイラーは逃げる。それでも仔犬は平

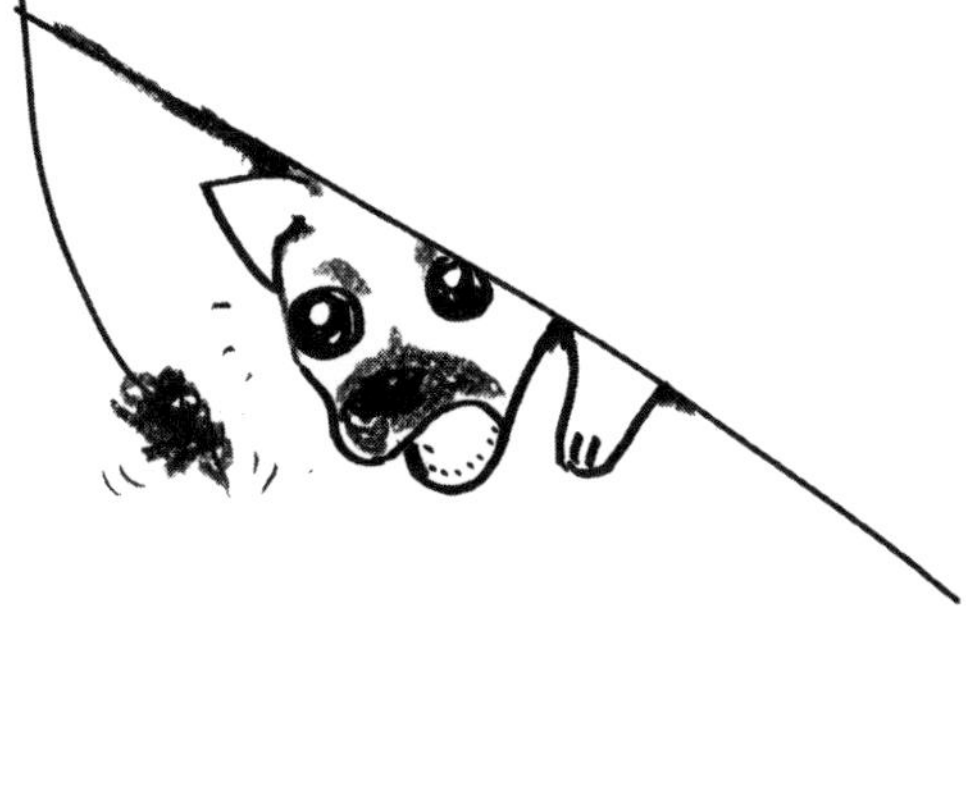

然と後を追う。仔犬のしっぽは上にたかだかと立って、せわしく振られている。

保健所で会ったときには、こんなに生気のない、不信感にまみれた、ある意味絶望している（犬には希望という未来を考える能力はないと思うのだけれども）犬を、初めて見たと思った。2か月半くらいの仔犬といったら、人間なら幼児である。私は、そういう状態の幼児も初めて見たのだった。

3月6日

朝の光の中。野犬の仔犬、とうとうみんなのいる部屋に出てきた。

名前はチトー。

吹いていた口笛は、ファ・ミ、「チトー」と聞こえる。

暖かくなってきたので、植物もだいぶ外に出した。部屋はがらんと空いたのに、チトーのせいで雑然としている。

2 おれがママの代わりになるよ

3月2日に保健所から引き取ってきた野犬の仔犬《こいぬ》チトー、最初の夜にキャリーから脱け出して、私の部屋のベッドの下にもぐり込んでしまいました。次の日は丸1日もぐったきりでしたが、2日目の3月4日からは、猫と遊びたくてたまらなくなったらしく、少しずつ出てきました。

ちょっとその前にみんなの紹介をしておきましょう。

クレイマー、6歳の雄犬。ジャーマン・シェパード。6年前にカリフォルニアのジャーマン・シェパード・レスキューセンターから引き取ってきたとき、そのとき7か月くらいの少年犬だったんですが、すでに、クレイマーという名がついていました。2018年に私といっしょに、アメリカからやって来ました。

メイとテイラー。1歳の雄猫たち。阿蘇の産山村《うぶやまむら》の池山水源《いけやますいげん》のほとりで生まれました。

そこで池守をやってる友人から、仔猫が生まれたと写真つきのＬＩＮＥが来て、矢も楯《たて》もたまらなくなり、もらいに行ったところ、兄弟で飼った方がしあわせだから、と二匹もらってきました。二匹ともキジ猫、メイは灰色で、テイラーは茶色です。名前は、メイの方は、もともと5月生まれでメイだったんですが、もう一匹にはおなかが大きいからポンポンポンのポンという名がついていて、もう少しちゃんとした名前をと思って、メイからの連想でテイラー（つまりクイーンのメンバーたちです）。

そしてチトー。野犬の仔。雌。やっと3か月になるかという年頃。全体は茶色、顔は黒。柴犬《しばいぬ》ベースにシェパードの血が一滴か二滴入っているような顔をしてます。たぶん他にもいろいろ入ってるはず。名の由来は、私が子どものとき読んだ、大好きだった、『シートン動物記』の「かしこいコヨーテの話」の主人公、雌コヨーテのチトーから。

3月6日

朝。リビングで猫たちを遊ばせていたら、騒ぎに惹《ひ》かれて、チトーが私の部屋から顔を出し、とことことリビングの中までやって来て、「ねこじゃらチはどこでチか？」みたいな顔をして近くまで来た。手を伸ばすとさっと逃げた。

猫じゃらしで、みんなで遊んだ。

それからジャーキーを出して、クレイマー、メイ、テイラーと呼びながら少しずつ食べるゲームをしたら、「チトー」の番が来て、なんとチトーが、手から食べた。でも、さわれる距離にはぜったいに来ない。しばらく遊んだらベッドの下にもぐって気配を消した。疲れて眠ったんだと思う。仔犬なのだ。やがてまた出てきた。

森のお母さんに犬のお行儀をちゃんと教わってきたようで、クレイマーには腰を低くしてへこへこするし、クレイマーの食器がカラになったら、なめに行く。クレイマーも昨日までは、たまに「がう」みたいなこと言ってたが、今日は何も言わない。

口笛を吹いたらおやつ。これはあっという間に覚えて、口笛を吹くと、さっと振り向いてこっちに来る。さわれない距離のところで止まる。同じメロディで名前を呼ぶと振り向く。おやつを見せると来る。さわれない距離のところで止まる。フセしてこっちを見ていると、ふつうの仔犬に見えるが、ぜったい私がさわれない距離にいるし、私がちょっとでも動くと素早くベッドの下にもぐりこむ。そしてまた出てくる。

夜。クレイマーが私のベッドに帰ってきた。ベッドの下のチトーがうっとうしくて、しばらくリビングで寝起きしていたのだった。

3月7日

朝。目を疑った。チトーが、リビングにあるクレイマーの犬ベッドの上、クレイマーの後ろに、ちょこんとすわっていた。

私が近づくとすぐ逃げたが、しばらく経《た》ったら、またそこにいた。

しばらく経ってまた見ると、またそこにいた。そればかりか、クレイマーにぴったりくっついていた。

少ししてまた見ると、またそこにいた。クレイマーにぺったり寄りかかっていた。

テイラーは猫じゃらしが大好きだ。どこまでも挑みかかり、高く飛んで、フェイクのねずみを獲《と》る。ところがこの頃、チトーにじゃまされて、集中できなくてイライラしているのが見て取れる。一方メイは、動きがにぶいし、猫じゃらしもじっと見ているだけだが、頭がいい。テイラーよりいい。考える力も、見極める力もすごくて、入ってほしくないすき間に入ったり、開けてほしくない戸を開けたりする。そのメイが、チトーとよく遊ぶ。くんずほぐれつして走りまわり、シッポをかぷりと噛《か》まれても、一発パンチするだけで、また遊ぶ。

チトー、しばらくメイと遊んでいたが、やがて離れて、今度はクレイマーの前で誘いのダンスをするが、クレイマーは動かない。それで私にも話しかけてきたが、私がちょっと動いたら、さっと逃げた。

私はこの家に戻ってきて3年経つが、3年で初めて、椅子にすわって、何もしないで、ただぼーっとしている。ぼーっとしているといっても、目の前の光景を眺めて、時間を過ごしているのだ。その光景というのは、遊ぶ仔犬と遊ぶ猫だ。なんてのどかな、なんてしあわせな数分間だったことか。

干し豚耳の細切れを買ってきた。クレイマーはのそのそとやって来て、ひとくちで食べてしまったが、チトーは跳び上がってくわえ取り、クレイマーの犬ベッドの上で、抱え込んで噛み始めた。猫たちが近づくと、すごい声でうなりながら噛みつづけるので、クレイマーはうっとうしがって私の部屋に退散してきた。

3月8日

　クレイマーは、寄らば斬るぞみたいな雰囲気の、深刻で不機嫌そうな表情をしている6歳の雄犬で、チトーに対して、かわいがるでもなし、なめるでもなし。積極的にかまうなんてことは一切してない。それなのにチトーが、クレイマーの犬ベッドに平気で乗って、クレイマーにぺったりくっついて眠る。

　森にいた頃は、母犬にこんなふうにくっついていたんだと思う。この家で、母犬にいちばん近いのがクレイマーで、きょうだいたちに近いのが猫たちなんだと思う。私はたぶん、チトーを追いかけて、必死で逃げたのに捕まってしまった、その捕まえたヒトに、そっくりなんだろう。

　昔カリフォルニアで、クレイマーの訓練士が言っていた言葉を思い出す。向こうから犬が来るとき、私が「クレイマーがうなったり吠《ほ》えたりするといやだな」と考えて緊張

するから、私の体から特殊なニオイが出る。クレイマーがそれを嗅ぎ取り、つられて緊張して、うなったり吠えたりするんだそうだ。

つまり今、クレイマーは、こんなに不機嫌そうな顔をしているが、全身から「おれがおまえのママ代わりになるよ」的なニオイを発しているのかもしれない。

午後。友人が立ち寄って、あがって話していった。その間チトーはベッドの下で気配を消し、友人が帰った後、しばらくの間、2日間分後退して、ベッドの下から出てこなかった。

3月9日

クレイマーとチトー。母子のようにいっしょに寝ている。そのうち、おっぱいをやり出すかもしれない。

ちくわパーティー。全員集めて（というか、ちくわを出すと寄ってくる）名前を呼びながら少しずつ。順番は……。

クレイマー・メイ・テイラー・クレイマー・チトー・クレイマー・メイ・テイラー・クレイマー・チトー・クレイマー。

1日に何度もやる。そのたびに……。

クレイマー・メイ・テイラー・クレイマー・チトー・クレイマー・メイ・テイラー・クレイマー・チトー・クレイマー。

3月10日

明日から東京。

クレイマーは、いつも預けている愛犬教室のカマダ先生に頼んで、チトーは猫たちと置いていくつもりだった。そして猫シッターのコハちゃんに泊まりこんでもらうつもりだったが、今日、カマダ先生が見に来てくれて、チトーのためには、クレイマーも家にこのままいた方がいいだろうと。それで、コハちゃんに、犬たちも頼むことにした。クレイマーが私以外の人とは散歩に行きたがらないから愛犬教室に預けていたのだが、まあ、なんとかなるだろうし、ならないかもしれないし。

カマダ先生に、技をいくつか伝授された。

技1「食べ物をやるとき、あごの下をさわる。チキンはすてきなことで、さわられるのはいやなことだけど、すてきなことがいやなことに打ち勝つ」。それでさっそくゴハンのとき、私が両手でもったおちゃわんから食べさせてみた。チトー、食べたさに負けて顔を突っ込んできたから、しらばっくれて指を伸ばし、あごの下をさわった。

技2「野犬は長いリードをつけられるのを怖がるから、まず10センチくらいの短いのをつけて歩きまわらせる。それをだんだん長くしていく」。それでさっそく百均のリードを何本も買ってきた。リードをつけるには、まず捕まえないと。チャンスを虎視眈々《こしたんたん》とねらっている。

3月15日

東京から熊本に帰りつき、迎えに来てくれたコハちゃんの運転する私の車に乗り込んだとき、犬臭さにウッとなった。コハちゃんは「慣れました」と言ってたが、車の窓は開けたままだった。家に入ったときにもウッとなった。マジで「伊藤動植物園」の看板かけたい。

チトー、私に対してシャイだったが、すぐに出かける前の状態まで戻った。

3月16日

鶏レバーのウスターソース煮。うまくできた。味見して、犬猫におすそわけして、そのまま台所のカウンターに置いたまま、お風呂に入って出てきたら、ひっくり返った密閉容器、かじられた蓋、月桂樹の葉と胡椒《こしょう》の粒の他は、影もカタチもなくなっていたのであった。犯人はだれだ。

容器はカウンターの上に置いてあった。そこに届くのは猫、食べ物により執着があるのはメイだ。

私が台所に立つや、チトーが出たり入ったりして落ち着きがない。心にやましいものを抱えているようだ。テイラーがトイレの人用便器から水を飲んでいた。喉が渇いたのは大量のウスターソースを飲んだせいではないか。

私の推理はこうだ。

メイがカウンターに飛び乗り、猫手で容器をはたき落とした。そこにチトーが来て蓋をコジあけた。みんなで寄ってたかって食い尽くした。しかし待て、クレイマーは？

ゴハンをやったら、メイはすぐ食べた（いつもどおり）。テイラーは食べなかった（いつもどおり）。犬の番になると、チトーは「ゴハンだゴハンだゴハンだゴハンだゴハンだ」と舞い上がり（いつもどおり）、クレイマーは、いやに沈んだようすでのっそりとやって来て、目を合わせようともしない。いつもはチトーにつられて、おどりながら待つのである。

そのとき私は思い出した。クレイマーは驚異の身体伸び率を持っていて、カウンターの上に容易に届くこと。鶏レバーには目がないこと。そして、「食べたい」と思ったときの執着力と行動力はすごいこと。

「あんたがやったのか」とクレイマーに話しかけると、クレイマーはすっと目を逸《そ》らし、自発的にフセをして、床の下にのめり入らんばかりに下を向いた。ゴハンを置いて「いいよ」といつもの合図をすると、クレイマーの反応はぜんぜんいつもの反応じゃなかった。今まで見たことがないくらい、ゆっくりと嚙みしめながら食べ始めた。

私の結論はこうだ。

クレイマー単独犯。チトーは何もなくなった現場をぺろぺろなめた。猫たちは見ていただけだった。……鶏レバーソース煮丸食い事件の真相でした。

3月17日

だれかが私の足をなめまわしていると思ったら、チトーだ。だれかが背中にがりがり爪を立てたと思ったら、ティラーだ。要求していることは同じなのに、猫の爪は痛すぎて、つい払い落としてしまって、私はすごく後悔した。

3月18日

朝。チトーががつがつ食べているとき、首輪にリードを通すリングが見えた。「あれならつかめる」と思ったとたんに逃げられた。首輪は保健所でつけられたままなので、かなりきつい。もふもふが頭と体に飛び出たみたいで。

写真を撮って拡大してみた。毛皮はささくれ立ち、かなり汚れているのが見て取れた。でもとにかく臭い。クレイマー、鼻がいいはずなんだが、この臭いのといっしょに寝るのも、くっつかれるのも気にしてない。

チトーが猫のうんちを食べているらしい。猫トイレのうんちが少ないし、リビングにぽつぽつと落ちているときがある。
チトーの排泄《はいせつ》は、ほぼリビングの窓際の板の間にかぎられてきた。それで、ビニールシートを買ってきて、板の間に敷き詰めて、その上に新聞紙を敷いた。植木鉢を並べ、犬用のフェンスでさえぎって、トイレ用結界をつくってみた。

3月19日

メイと遊びまわっていたチトー、興奮して走って行く途中、ちょっと立ち止まり、カーペットの上でちょっとしゃがんで、しゃーとおしっこしてまた走って行った。あーあと思って拭き取った。それをぜんぶ見ていたクレイマーが、その次にチトーがそこを通りかかってまたしゃがみかけたとき、「うう」と言って叱った。私はその後、チトーがどこにおしっこしたか見てない。

チトーは仔犬なので、昼ゴハンも食べさせる。手ぢゃわんで食べさせながら、手をひらひらさせたり、上から頭に近づけたり。でも、すぐびくっとして逃げる。あごの下や鼻づらはさわれるが、後はまだまださわれない。

それで昼ゴハン、クレイマーにもやるが、三食じゃ太ってしまうので、朝晩を少なめに。こういう心遣いをだれか私にしてくれないかな。
「手ぢゃわん」とは、読んで字の如《ごと》し、手をちゃわん代わりにする。ふやかしたドライフードとゆでささみの細切れを入れてぺろぺろ食べさせると、手のひらじゅうがべろべろになる。

チトー、のびのびと手足を伸ばし、安心しきって眠る。森の中でもこんなふうに眠っていたんだと思う。今、森のお母さんに再会したら、この無愛想なおいちゃんを、なんて紹介するだろうか。

クレイマーに「アイラブユー」とささやきながらなでまわしていたら（クレイマーはこれが好きで、もっとなでてくれろと横になって身を預けてくる）、チトーがぴょんぴょんしながら遊びかかってきて、接近してみたり、私のスリッパ噛んだり、それで私がチトーの口をつかんだり、口の中に手を入れたり、またチトーがテイラーのシッポを噛んだり、下あごをさわられながらおやつ食べたり、もういいじゃないかと思うが、やっぱり首輪にはさわれない。「さわれる」と思ったとたんに逃げる。逃げ足ちょー速し。

夕方。クレイマーを連れて散歩に行こうとすると、チトーが玄関先まで来てじっと見ている。リードをつけられそうだが、手を伸ばすとさっと身をひるがえす。

3月20日

起き抜けにねぼけていたら、だれかが鋭い歯で私の手をかしかし噛むので、口の中に手を入れてあごをつかまえたり、歯をつかまえたりして遊んでいたら、猫たち二匹とも胸の上に乗っていたので、チトーだった。

3月21日

チトー、また寝起きの手遊び。ついに首輪をさわったが、無理しない。無理しない。もっと馴《な》らしてから。私はついこうして心を逸《はや》らせて、せっかちに、強引に、ものごとを動かそうとして、今まで人生を失敗してきた。

私の膝の裏にでこぼこしたものがあり、イボかなと思い、いやだな年取るとこんなところにイボができるのかと思い、ひっぱってみたら簡単に取れた。ところがよく見たらマダニである。ぎょっとしたのなんのって。散歩で外から拾ってきたか、チトーの体にずっとついていたのか（マダニ媒介の感染症が気になって、症状が出ないかと数日間どきどきしながら暮らした）。

チトー、食事前の「タッチ」を覚えた。「タッチ」と言うと、私の手のひらに鼻先でさわる。でも逃げる。

チトー、私のベッドによじのぼることも覚えた。クレイマーや猫たちがいつも乗ってるから、そりゃ乗りたいだろうけど、あの臭いのがうつってはたまらない。でも、ぷりぷりしたお尻を左右に揺らしながら、よいしょよいしょとよじのぼる仔犬はめっちゃかわいくて、追い払う気になれない。

3月22日

せっかちで強引な私の心。止められなかったのだ。

朝の寝起きの手遊び中、ひょいと首輪をつかんで、引き寄せ、かねてより枕元に置いてあったリードを装着（ここまでほんの数秒）。大泣きされ、暴れられ、おしっこもらされ、手をひっかかれた。その後、チキンでたちまち仲直りした。リードは百均で買った小犬用を15センチくらいに切ったもの。ネクタイのようにぶらさげて歩いている。

夕方。散歩に行こうとしたら、至近距離で見ているから、行動に出た。ネクタイみたいなリードをつかんで引き寄せ（大暴れしてギャン泣き）、長いリードをつけてみた（ここまで2秒）。ところが長いリードをつけただけで気が動転し、大声で泣きながら、上へ下へ暴れまわっておしっこを振りまいた。しかたなく、あきらめて、外しついでにおさえつけ（チトーはたちまち固まった）、首輪を二穴ゆるめてやった。手を離したらけろりとして、チキンを見せたら、チキンだチキンだとねだってきた。

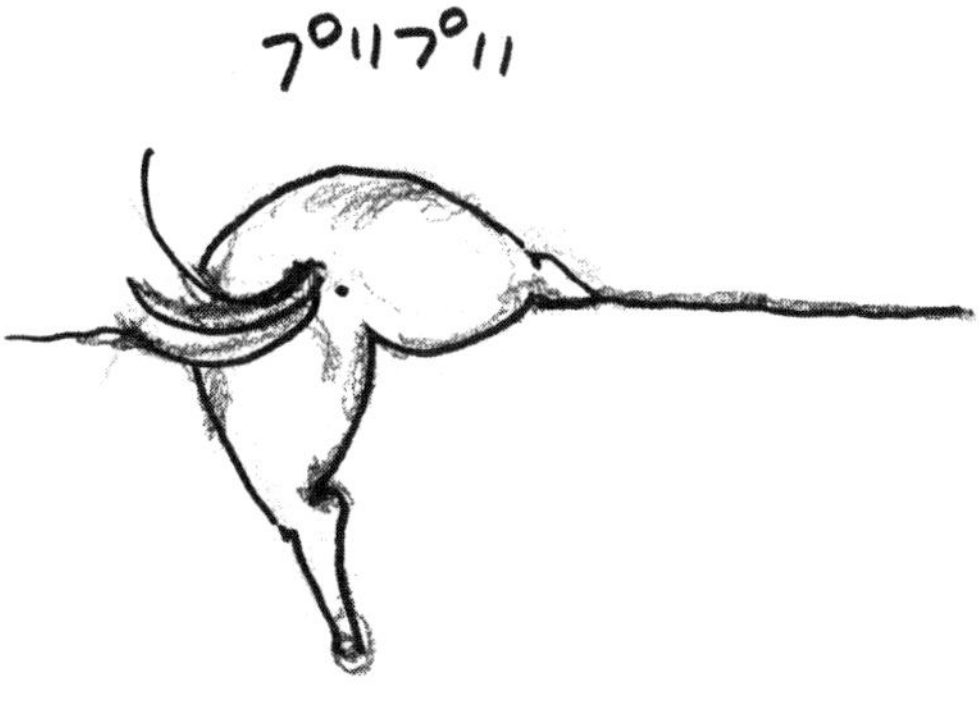

3月23日

うちは集合住宅の一階で、庭がある。四すみは塞いである。垣根のすき間にはネットを張ってある。朝はそこにクレイマーを出しておしっこさせる。出入りするには木の踏み台を使う。

クレイマーが下りていったとき、チトーもいく？　と誘ったが、際まで来て、プールに飛び込めない子どもみたいにいじいじしているから、せっかちで強引の私は、ついネクタイをひっぱって暴力的に下ろしてしまった。

一瞬ぎゃっと泣いたが、ひさしぶりの土の感触、たちまち機嫌を直し、興奮気味にしゃかしゃかしゃかしゃかニオイを嗅ぎまわっていたのだが、いつまでたってもそのままである。私のそばにも寄ってこない。家の中に入れなくてはいけない。クレイマーを家の中に入れ、ほら、こっち、こっちと誘導してみたが、だめだった。踏み台をのぼることが理解できないようだ。私にしては長い間（10分ほど）辛抱強く待ってみたが、いつまでたってもそのままで埒《らち》があかない。ついにネクタイをつかまえて、ぐいと引き寄せ、チトー本体を抱え込んだ（その間、集合住宅中にひびきわたるようにぎゃんぎゃんとわめき続けた）。抱え込むやチトーは、森のお母さん伝授の「怖い、固まれ」が作動して、動かなくなった。

目は開いているが、何も見てない。

昔テレビで見た、ライオンに捕まったガゼルが、こんな目をしていた。いやもっと近いところで見た記憶がある。記憶をたぐり寄せてみたら、うちの娘だ。10歳でアメリカに連れていった後、長い間適応できなかった。人前で、しゃべれずに、何かあるとこんなふうに固まって、その目が、こんなふうに、何も見ていなかったのを、母は見ていたのだった。

3 いいじゃない、しあわせならば

熊本市に隣接する菊池《きくち》市。

先日、そこに在住する人に会いました。

菊池市泗水《しすい》あたりでは「野犬がいます、登下校に注意してください」というアナウンスがたまにあると言っていました。

チトーの捕獲場所が、まさに菊池市泗水の森と畑地の境目あたりなのでした。

そのあたりには野犬が群れで棲息《せいそく》しています。森の奥の、繁みの中の、窪地《くぼち》かどこかに、かれらのすみかがあるんだそうです。「仔犬《こいぬ》はよく捕まりますが、親犬はなかなか捕まりません」と保健所の人が言っていたのでした。

3月25日

リビングでがたがた音がするから振り返ると、チトーがひっくり返ってもだえていた。クレイマーはフセの体勢で「はてなんですか、散歩ですか」という目で私を見つめていた。仕事に戻ったら、また後ろでがたがた。

スマホのカメラを自撮りモードにしてのぞき見たら、クレイマー、私が見てないと思って、すわったまま、跳ねまわるチトーと遊んでいるのだった。

次の日にはチトーがクレイマーのすわっているところへやって来て、体と体がくっつくようにすわるのを見た。クレイマーの頭に遠慮なく自分の手を乗っけて寝ているのも見た。

なんだか私が、保護犬をもらってきたんじゃなくて、クレイマーが養子にもらってきた仔犬の世話を、私がしているみたい。

クレイマー、家族ができてよかったなあとしみじみ思っていたら、チトー元気よく起き上がり、「とーちゃん、ちょっと遊んできます」といわんばかりにシッポを振り振りメイになぐりかかっていって取っ組み合いにもつれこんだ。

取っ組み合いはいつものことだ。でもある日、チトーの嚙《か》みつき方が強すぎて、明らかにメイがいやがっているので、どれ引き分けようと思ったとき、クレイマーが立ち上がり、叱るようにチトーの首をちょっと噛んだ。

ほんとに、しつけ中のとーちゃん犬か、犬のおまわりさんみたいだなと思った。

あるとき、私の友人スジさんが来た。

スジさんのところの犬とクレイマーは仲良しで、クレイマーにとってスジさんは特別な人なのだ。しかしチトーはたちまち隠れた。するとクレイマーは、まるでスジさんにわざわざチトーを紹介しようとするみたいに、チトーを呼びに行ったのだ。もちろんチトーは、シャイで頑固な子どもみたいに、出てこなかったけど。

このようにクレイマーは、いい犬のおまわりさんで、いいとーちゃんなんだが、「おれはいいから、おまえ食べな」なんてことはぜったいに言わない。犬なのである。チキンもプリンもおやつも、私はクレイマーに先にやる。すると遠慮も躊躇《ちゅうちょ》もなく食べ尽くし、何にもなくなった後を、チトーが惜しそうになめることになる。

チトーの左耳はいつのまにか立っていたのだが、右耳も立ち始めた。もう幼児じゃない。小学校二、三年生の子どもに見える。

しかし日々はただ楽しいことばかりじゃない。悩みの方が多いのが人生というもの。

チトーの場合、悩みは（私の悩みなんだが）まず排泄《はいせつ》です。

なにしろ外に行かないから、外でおしっこしてくるということがない。

クレイマーは外でするし、猫たちは猫トイレの猫砂の中にする。でもチトーはどこでするかわからん状態から始めて、少しずつ範囲を狭めていき、やっとリビングの窓際の植物置き場とテーブルの前に決まってきた。そこにはビニールシートが敷いてある。ところがチトー、ビニールシートの端っこやちょっと外に、はずすことも多くて、つまりシートの裏も床もべっちょりなんてことがよくある。

うんちはいいのだ。紙でつまんでトイレに流す。しかしおしっこは、新聞紙で吸い取っていたのだが、大きくなっておしっこの量も増えて吸い取れなくなり、今度は古タオルやぞうきんで拭き取るようにしたのだが、その結果、洗濯機が、いやお風呂場全体が、犬のおしっこ臭で耐えがたくなった。介護用に何かあるんじゃないかと考え、買いに行ったところ、なんとペット用のおしっこシートを見つけた。これが便利。じゅわじゅわといくらでも吸ってくれる。今まで考えなかったのが口惜しい。

雨が降ると、家じゅうのおしっこ臭さ、ケモノ臭さが浮き上がってくる。不思議なことにチトーの体からただよう、あのすさまじい野生臭がなくなった。クレイマーがなめてる？　いやそこまではさすがにしてない。くんずほぐれつするうちにクレイマーや猫たちに臭みが移り、猫は自分でなめてきれいにし、クレイマーは川に入って水を浴びるのが日課だから、その都度、私が拭き取っているのかもしれない。

そしてもうひとつの、そして究極の大問題が、リードなのであった。どうやってつけるか。外に連れ出すか。おしっこなんてこれに比べたら小せぇ小せぇと思える。

3月の終わりにはすでに、このままずっと外に出ないのかという不安が私の心をよぎっている。いいんじゃないか、しあわせなんだからなどと納得しようとするが、心は安まらない。すると事情を知った人々が助言してくれる。その善意はわかっているのに、聞くたびに、私はしょげるのだ。

私はいったい何をやっているのだ。飼い主失格。……そんなことも思うのだ。

ある友人には「何度もつけたり外したりしたら」と助言されて、めちゃくちゃしょげた。

別の友人にはいやなことを少しずつやるという曝《ばく》露《ろ》療法というのを教えてもらって納得しつつも、やっぱりしょげた。

動物病院でも「リードをつけるたびにおいしいものをやれば」と助言されて、またしょげた。

相手はこっちの事情をよく知らないだけだとわかっていながら、それでもしょげる。

娘に、母の日に何がほしいと聞かれて、「リードをつけたチトー」と言ったら、アマゾンから届いたスリップリード。チトーは見たとたんに逃げ出したし、これにも私はやっぱりしょげた。

理由は簡単で、私は私なりに精いっぱいやってるからです。でも効果が上がってないのもわかっている。

ときどき愛犬教室のカマダ先生が励ましてくれる。

「野良犬じゃなくて野犬なんですから、私はなつき方が早いと思いますよ」と言われたのが4月2日。

「昨日チトーちゃんを見たとき、目も表情も生き生きしてて、前見たときより可愛《かわい》い顔だ、優しく育ててあるという印象を受けました。チトーちゃんはクレイマーが大好きで、クレイマーはお母さんが大好き。じゃあチトーもお母さんが大好き！　となりますよ」というメールが来たのが4月18日。

どんな役に立つ助言より、よくやってますよ、これでいいんですよという言葉が心にしみる。頭をあげて前を向こうという気になる。育児のときとまったく同じです。

そしてリード問題と連動しているのが首輪きちきち問題。保健所でつけられた首輪、一度無理やり捕まえて、泣かせてうんちとおしっこもらさせながらゆるめたが、ふたたびきちきちになってきて、顔が飛び出しているように見えるのだ。あれをなんとかしなければ。

そんな中で、私はひとつの工夫をした。クレイマーなしでチトーに向かい合ってみたらどうかと考えたのだった。

4月15日

二泊三日でクレイマーが愛犬教室にお泊まりに行った。夕方、カマダ先生が迎えに来てくれて、連れていったその当日、チトーはクレイマーなしでおいしいものを食べ、私にべたべたされ、夜はいつもどおり、私のベッドの私の足元で寝た。こりゃいいや、と思ったのもつかの間、朝になるとチトーが近づいてこないのである。

むしろ遠くなったような気がする。
遊びにつきあってもくれない。かじってボロボロにしたぬいぐるみを離さない。クレ

イマーのいない寂しさを全身で表現しているように思えてならない。

2日後、クレイマーが帰ってきた。帰るなりチトーはぴょんぴょん跳ねてクレイマーを出迎え、はしゃぎにはしゃいで走りまわり、ボールを追いかけ、テイラーを組み敷き、メイに噛みついている。

チトーのこの明るさも子どもらしさも、生きているという自信も、すべてクレイマーの存在に結びつき、クレイマーに結びつくことで、チトーはチトーとして生きていたのだ。

4月18日

テイラーとチトーが追いかけっこ中に、テイラーがベッドの下にもぐった。ところが、チトー、大きくなりすぎてもぐれなくなっていた。昔はここに住んでいたのに、今はじれったそうにシッポを振りながらのぞきこんでいる。

同じ日、私はベッドの中で、初めて、チトーに、あごや胸をなでさせてもらった。子どもっぽくてやせて薄い胸だった。ごわごわとふわふわの中間の毛並みだった。

チトーはずっと走っている。とたたたたという音がずっと聞こえている。昔、人間の子どもがいたときも、こんな音が聞こえていたと思い出す。

夕方、私が台所で、犬猫用チキンを切っていたら、とたたたとのぞきに来たチトー、目ざとく見つけて、「とーちゃん、チキンっ」と私の部屋に、とたたたたとクレイマーを呼びに行き、とたたたどだだだだ、いっしょに走ってきた。

4月21日

もう鼻先ならばいつでもさわれる。おやつさえもっていれば、あごをさわりまくれる。両手を使えば、両頬もさわりまくれる。そう確信した30分後。鼻先をさわろうとしたら、すっと逃げられた。

　ところがその翌日、朝起きたらチトーがしきりに私の腕を噛んでいた。腕を動かしたら離れたが、戻ってきてまた噛んだ。次の日もその次の日もチトーは噛みに来て、それがベッドの中だけのチトーのお気に入りの遊びになった。チトーが私の手に噛みついて口だけ転げまわるという遊びで、痛いけど傷はつかない。こっちに選択権はほぼない。チトーは遊びたいときに遊べるが、こっちが遊びたいときにはチトーは拒否権発動して、さっと逃げ、遊ばせてもらえない。

4月26日

両耳、ほぼ立った。

台所に立っていると、チトーが、このヒト怖いから一刻も早くすり抜けたいという感じでわきをすり抜けていった。よっぽど怖いんだなと思っていたが、すり抜ける必然性のないときにわざわざ何度もすり抜けていくのに気づいた。

気づいたと同時に、プラトー期というやつに入ったようだ。何日もの間、何にも変わらなかった。チトーの生き方も日課も。ゴハンの量も。おやつの量も。

ずっとこのままなのか、どこかでがつんと、泣かせて、うんちをもらさせてでも、リードをつけるとかなんとか、しなければならないかと、私は考え始めたのだった。

5月9日

明け方、うつらうつらしながら、私はだれかのあごの下をなでていた。一瞬夢かと思ったが、夢じゃない。現実のあごの下だ。

次の日も、さらに次の日も、ベッドの中限定で、あごの下をなでさせてくれるようになった。もっとなでていいよと言うみたいにあごの下をぐっと伸ばすこともあった。

そして3日後には、私がベッドにいると、さっと乗ってきて、足の間にすっぽり入って横になり、私の足にあごをのせた。少し前にクレイマーにしていたようなポーズで。

しかし野犬は野犬。一筋縄ではいかない。

5月17日

食べている最中に、ふとトラウマのスイッチが入るようになった。きゅうにおどおどして遠ざかって戻ってこなくなる。場所を変えて呼び直せば出てくるけど、おどおどして近づけないでいるうちに、クレイマーに情け容赦なく食べられてしまう。それをくり返す。

その次の日も、クレイマーの散歩から帰ったら、チトーが顔をこわばらせて逃げていった。私に見えていない怖いものがチトーには見えているようで、私は後ろを振り返り、自分のニオイをかいでみたけど、何もわからなかった。

でもたぶん、これがずっとつづくわけではない。

また食べるようになる。そしてまたぴょんぴょん跳ねるようになる。そう考えてほうっておいた。

ベッドの中ではあいかわらず、手の届かない近くに寝るし、寄りかかっても来る。

今はまだイエイヌモドキという感じか。こないだまでヤケンノコイヌだったから少しは進化したと思う。次の進化形、ホトンドペットまであとどのくらいだろう。

そういえばこの頃クレイマーが、チトーと遊ばないのに気づいた。べったり寝たりもしなくなった。だからチトーは、私のベッドに来て、私に寄りかかってくるのかもしれない。

5月26日

大事件があったのだったたった……。

この間からずっと悩んでいた首輪きちきち問題。ついに愛犬教室のカマダ先生が来て、チトーを無理やり捕まえて解決してくれることになった。

おかあさんが悪役にならない方がいいというカマダ先生のありがたい意見だった。それで私は、朝から、チトーの逃げ込む場所がないように、あらゆるすみっこを塞ぐのに汲々《きゅうきゅう》としていた。

11時頃、カマダ先生が新しい首輪を持って到着。

チトーはたちまち私の部屋のベッドの上のすみっこに逃げ、背中を丸めて防御姿勢を取った。先生は部屋にずいと踏み込み、チトーはベッド裏に入り込み、さらなる防御姿勢。そこは塞いでおいたはずなのだが、何の役にも立たなかった。


先生に任せて、私はリビングに行った。

どしんばたん、ぎゃっがしゃんぎゃっ、ものすごい破壊音とチトーの悲鳴が立て続けに聞こえた。こわごわのぞいてみると、チトーは机の下のいちばん奥で（そこも塞いでおいたはずなのに）、捕まらないために長ーく伸びて反り返った姿勢を取っている。先生はその前に呆然《ぼうぜん》と立っている。

「代わります」と今度は私が机の下にもぐりこみ、思いっきり手を伸ばしたが、チトーはますます反り返り、ツルかサギのようになっている。


そのとき私の指の先が首輪に触れたっっっ。

すかさず私は指を、首と首輪の間に差し込んだっっっ。

そこへ先生がさっと新しい首輪を手渡してくれて、なんとか装着。しかしきつすぎて古いのが外せない、「はさみをっっ」と叫んで、渡してもらって、首の間にきりきりと差し込んで、切り離した。

先生が首輪にリードをつけておいてくれたので、私はそのまま無理やりチトーをひきずり出した。ものすごい抵抗があったが、こっちも必死だから、馬鹿力を振り絞って、リビングの広いところまでひきずり出して先生に渡した。チトーは縄跳びの縄を大回ししているかのように、上へ下へ大暴れだ。

そのとき、一部始終をハラハラしながら見守っていたクレイマーがついと前に出て、ぐわっと一声、チトーを叱った。

叱られて、しゅんとなったチトーを、先生が引き寄せて、まず首のまわりに何かあることに慣らすため、リードをひもにつけかえ、床にひきずるくらいの長さにして放した。放されたチトーは目にもとまらぬ早さで、リビングの隠れ場所、植木鉢だらけの一角のベンチの裏に入り込んだ。

ベッドの上も、机の下も床の上も、一面におしっことうんちが振りまかれていた。いつものうんちのニオイとは違う、ストレスだらけのニオイだった。

カマダ先生は腕を噛まれていた。

「私のことはただの怖い人と思っているから噛む、おかあさんのことは信頼しているから噛まない、ボンディング

（信頼関係）はちゃんとできてますよ」と先生が言った。

たしかに私は噛まれなかったし、噛まれるかもとさえ思わなかった。これまでのつきあい方に自信はまったくなかったが、先生に対する仕打ちを見たら、チトー、私にはめっちゃよくしてくれているのがわかったのだった。

「クレイマーは私を信頼しているから、私が悪いことをしているとは思ってない。だからこの場合、チトーが悪いんだなと考えて、チトーを叱ったんです」と先生は言った。

私はこの解釈に、涙がにじむくらい感動した。

「今日はもうふつうに生活して、特別にかまったりしなくていい。ゴハンは無理せず床の上に置いて離れていればいい。寄ってきたらおいしいものをやるし、近くまで来なかったら投げてやればいい。トラウマにはなりますけど、トラウマは忘れられるんですよ。起きちゃったことはなかったことにして、イチから始めればいいんです」と先生は言った。

この後、カマダ先生はクレイマーを連れて帰った。二泊三日でお泊まりの予定だった（私は外の仕事が続いていたので、何時間も家をあけなければならなかった）。そしてチトーは……。

4時間経《た》ったが、まだ隠れていた。

6時間経ったが、まだ隠れていた。おしっこをビニールシートにしてあった。ゴハンには手をつけてなかった。

6時間半。場所を移動して少しだけ広い隙間に入った。

12時間経った。私の部屋にとことこ歩いてきた。たぶんクレイマーを探していたのだ。それからリビングに帰り、猫も犬もみんなすわりたがる肘掛け椅子にすわった。目の前にチキンを置いたら食べた。ゴハンは食べなかった。隠れてないが、こっちに来ることもないのだった。

13時間半経った。時刻は0時半。私はベッドで本を読むうちに寝落ちしていた。衝撃で目が覚めた。チトー、私の足を枕に、全身を預けてきた。

4　うちはうち、よそはよそ

何も進歩がない。

チトーについて、書けば書くほど、見つめれば見つめるほど、私は、ろくな対応をしてないと思えてきて、落ち込んでいます。

4月頃のチトーは、5月や6月のチトーに比べたら、もっとイキイキと楽しそうに、ころげまわって、みんなと遊んでいたような気がするのです。

たんに成長して、幼児から小学生女児みたいになっただけかもしれませんが、それにしては、あの頃から、できることがちっとも進歩してない。

手からは食べるが、それだけ。

猫とは遊ぶが、私とは遊ばない。

クレイマーとはぺったりくっついて眠るが、私にはくっついてこない。

その停滞は、すなわち私の怠慢じゃないか。

もっとかかわり、もっと遊び、もっと毎日、しつけも訓練もしておればと思うけれども、それができないのがこれまでの私の生き方だったわけでして……。子育ても、家族とのかかわりも、男の関係も、仕事に対しても……。

見かけによらず私はマメなので、ルーティンとしての世話は小マメにやるんですけれども、ルーティンを越えて踏み込むということをしないのです。

あるがままに任せてしまう。自分の仕事の忙しさにかまけてしまう。だからいつまで経《た》っても、ルーティンしかできずにいる。この場合は「私の手からいやがらずに食べる」ということ。

それ以上は、いやがるから踏み込まない……てなところで、私は立ち止まってしまうんです。そしてそれでは、進まないのも当然なんです。

6月26日

東京から帰った。

クレイマーはいつものように熱烈歓迎で、ハグしてキスしてのたうちまわって、あいたかったあいたかったとあえぐのだった。チトーは逃げ隠れして出てこなかった。

帰ってすぐ、犬たち用に鶏胸肉を三枚焼き、天板のままカウンターに置いて、ちょっと横になったら寝入ってしまった。そして何かを聞き取って、目が覚めた。

台所に行ったら、そこにクレイマーがいて、足元に肉が一枚落ちていて、天板の肉は一枚になっていた。クレイマーが私を、じっとりした複雑な表情で見つめ、チトーはわっしょいわっしょいとかけ声をかけんばかりに走りまわり、猫たちはカウンターの上にカラスみたいに止まっていた。

6月27日

お風呂場で、足先がもそもそした。見たら、小さいムカデが、私の足指にからまりついているではないか。これが仔犬《こいぬ》や仔猫や仔イノシシや幼木なら、きゃーかわいいと思って、保護したり、なでたり、写真撮ったりするのに、仔ムカデは論外だった。

私は無言で掃除機を出してきて、ずおおと仔ムカデを吸い取り、中のパックを取り出して、ポリ袋に入れて口を縛った。しかしそれからつらつら考えたのだ。

いったい、ムカデが何をした。お風呂場にいただけだ。

ムカデもまた地球の構成員じゃないか。ポリ袋の中の掃除機パックの中に閉じ込められたムカデに、もし意識があるとしたら、それは檻《おり》の中でこわいこわいこわいと思っていたあのときのチトーと同じなのではないか。チトーを助けてムカデを殺すのは、どこかで何かが間違っているのではないか。

そう思うといたたまれなくなり、ポリ袋を開け、掃除機パックを切り裂いて、そのまま庭に放置したのである。夜ノ間ニドコカニ逃ゲテイケマスヨウニ。

6月29日

今朝は、これまでの最長記録のなでなで。

6時頃いったん目を覚まして、手の届くところにいるチトーのお尻をなでた。いやがらないので、なでなでした。そのうちにチトーの口が動き出し、こっちに話しかけてくるように、かみかみに移行した。しばらく遊んで、お尻じゃなく頭を、私に向けて寝るのはまだまだ先なんだろうなと思いながら、私はまた寝てしまった。

9時過ぎに目を覚ましたら、なんと目の前にチトーの顔があった。それで耳の裏、眼球の上（犬たちはみんなコレが好き）、あごの下、背中、後ろ足の股の間。

やがてチトーはツイと立ち上がり、ドアの前に寝ているクレイマーをぴょんと飛び越し、リビングに行った。「ああ行ってしまった」と思っていたら、また戻ってきて同じ場所に同じ向きで寝たので、いやじゃなかったと見える。

それでまたなでなで。今度はかみかみに移行しなかった。その上最大の警戒場所である首輪の周辺にさわっても、跳び上がらず逃げもせず。そのうちメイがテレポートしてきて、チトーはメイと遊び始め、なでなでセッション終了。立ち上がってリビングに行ったら、おしっことうんちがしてあった。さっき「行ってしまった」と思ったとき、それをしに行ったのだった。

7月2日

朝目が覚めると、目の前にチトーが寝ていた。いっしょに夜じゅうならんで寝てましたよとでもいうようだった。なんの力みもなく、ごくふつうに。

それで、寝起きのなでなで。なでられるままになっていたが、途中で野犬の血がぴくりとした。こんなところでさわられてていいのかと考えたらしい。離れて、向こうにすわり直した。でもまた来た。

東京からＮＨＫラジオの人がやって来て、「宗教の時間」の録音をした。

お客さんがいる間、チトーはずっと隠れていたのだが、私が「般若心経」の朗読をしているときに、私の声しかしなくなったので安心して、とたたたたたとリビングに出てきて、知らない人を見て、ぎょっとして、とたたたたたと逃げ帰った。「ぎょっ」と叫んだ心の声が聞こえるようだった。「足音が入っちゃいましたが、そのまま使います」と後でＮＨＫの人に言われた。

7月7日

ここ2、3日、チトーが自分の性器をなめている。

今日は、すわった姿勢のクレイマーが、立っているチトーの性器をなめていた。

3月の初めに2、3か月の仔犬だったわけで、そろそろ7か月になる。人間でいったら小学六年生の12歳というところか。たぶん初潮ももうすぐだろう。あのころころした仔犬が初潮だなんて、どうも信じがたい気もするが、この性器のなめ方を見ると、現実を見つめなくちゃと思う。

これまでの犬の中で、雌犬は一頭目のジャーマン・シェパード、タケだけだった。月経をどうしたかは覚えてない。アメリカの家だったから、みんな土足で、そこらに経血が垂れていても、気にならなかったのかもしれない。タケが生まれる前に、タケの母犬が、その頃は母犬でなくただの雌犬だったが、飼い主に連れられてうちに来て、ぽとりと経血を床に落としていったのは覚えている。

7月8日

外は風に雨で濡《ぬ》れている。

コロナワクチンの二回目を注射した同世代の友人たちが、あちこちから、だるいとか熱が出たとか報告してくる。

経血のしみではないかと思うものが、ベッドの上にてんてんとついていた。さいわいベッドには、クレイマーの体臭よけに、カバーを重ねてかけてある。

取り替えたカバーの上に、またてんてんと経血のしみができた。それ以外、チトーには変わりがない。発情期といっても、別にクレイマーを誘うでもない。テイラーとメイにはあいかわらず元気よく嚙《か》みついていき、組み敷いている。

7月9日

カミナリが光って鳴るから、クレイマーがうろうろして私にぴったりくっついてきた。それでおなかやら頭やらをずっとさわっていてやった。チトーも便乗してきて、やってと言わんばかりな態度を取るが、さわってやろうとすると、さっと離れた。そしてまた来た。

そうやって明け方の4時くらいまで、家の中を暗くして、クレイマーを抱いて、カミナリのぴしゃぴしゃ光るのを見ていた。チトーもずっとそばにいた。猫たちもいたけど、それはたぶん別の理由だったらしく、やがて暗闇の中で遊び始めた。

朝は豪雨だった。昼には止《や》んだけど、梅雨雲は西の空にいすわっている。

7月14日

エノコログサをもって帰ると、テイラーがすさまじい形相でぎゃーと鳴いて喜ぶ。それが楳図《うめず》かずおの漫画みたいでたいへん怖い。ところがチトーが遊びに加わる、というかじゃまをするので、テイラーは好きなように遊べない。エノコログサに跳びかかるテイラーにチトーが跳びかかり、テイラーは跳びかかれず、イライラして、本気でチトーになぐりかかる。

今日は、穂をあっという間にチトーに噛みちぎられてしまった。テイラーは呆然《ぼうぜん》としていた。

7月19日

チトーの外陰部がすごいことになっている。以前テレビで見たことのある発情中の猿みたい（発情中の犬なのだが）にふくれあがって、多肉植物にこんなのがあったなと思って検索してみると、リトープスという。和名が女《め》仙《せん》。女の仙とはつまり女性器のことなのか、と納得したのだった。

雌犬タケのときは、たぶん、家の中に同世代の雌人間たちがいて、月経も発情も（私も含めて）日常茶飯事だったから、こんなにじっくり観察しなかったのだ。タケのお尻にはチトーよりふさふさと毛が生えていて、性器がこんなに丸見えじゃなかったのだ。

夜、私の近くに寝ていたから、背中をなで、腰をなで、内股もなで、ついでに性器にもさわってみたが、チトーは無反応。リトープスよりずっとやわらかいものだった。

7月23日

数日前、ある訓練士に会った。話のつぎ穂に、うちの野犬がリードをつけられないいんですよと話したら、熱心に教えてくれた。「リードをつけてみて、おいしいもの、つけてみて、おいしいものとやればいいんですよ」

またこれだと思いつつ、私が「それがまだできないんです」と言うと、訓練士は呆《あき》れ、私のことを、犬を家の中に閉じ込めっぱなしにしている、血も涙もない虐待者を見るような目で見つめてから、「犬には、ぜったいに、散歩が必要ですからね」と念を押した、というか断罪した。

わかっているのだった。そう言われて当然だということも、プロの訓練士の考えが正当なことも。で、言われたときのむかつきというか、失意というか、そういう感情は、やっぱりいまだにリードをつけられないというところから、つまり自信のなさから来ているんだということも。

昨日、愛犬教室のカマダ先生（この人も訓練士）にそれを話すと、「無理やりすることはない、今のやり方でいいんです、伊藤さん、とても辛抱強くできるから、よく馴《な》れてきてますよ」と言われて、思わず涙が出そうになった。

子育ての苦労と同じだと思った。ちゃんと経験を積んできたというのに、問題に直面したとたんに周囲が見えなくなり、私は私、他人は他人と、言い切れなくなってしまうのだった。

つづけて私が犬とよく遊ぶ友人と自分を比較して、私はいつも仕事優先で、子どもを育てていたときもなんだかいつもこうで……と訴えたら、カマダ先生はきっぱり言った。

「うちはうち、よそはよそ、ですよ」

今度は涙がほんとに出た。

それでもまだ、私のやり方に改善点はある。

昨日からちくわをやるとき、クレイマーをなで回し、「いい子、いい子」と言いまくってから、ちくわをやることにした。チトーにも同じにするが、もちろんできない。でも少し多くさわれる。

しかし「少しさわれる」なんて言ってるのはリビング限定。ベッドの上なら、チトーは「少しさわれる」どころじゃなく、足指で背中をなで、おなかをなで、手で耳の後ろや背中やおしりをなで回すなんてことが容易にできるようになっており、昨日なんて、目が覚めたら目の前にいたので、なでながら体に手を回し、抱きかかえるようになでることができた。チトー、されるままになっていた。そして私が立ちあがるや、チトーはとたんに野犬になるのだった。

さっきリビングで、犬たちがこんなことをしていた。

クレイマーがスフィンクスみたいに、フセの姿勢ですわっていた。そこへチトーがしっぽを振りながら近づいてぺたっとくっついてすわり、手で「ちょっとー」と誘いかけるみたいにクレイマーをさわった。「ちょっと」「ちょっとってばー」というふうに何度も。クレイマーは微動もしなかったが、やがて根負けして「つきあってやるか」と顔を向けた。チトーはひっくり返っておなかを出し、クレイマーはチトーの性器をなめた。ほんの一瞬でクレイマーは元の姿勢に戻り、チトーは満足して立ち上がり、メイと遊び始めた。あの「ちょっとー」の瞬間、チトーは性欲を感じていたんだろうか。

7月25日

ちくわパーティー、昨日からやり方を変えた。私が一匹ずつ（犬猫の）顔や頭をなでて、ちくわの一片をやる。クレイマーの番、チトーにも同じく（さわり方はかるく）、でもチトーが顔をそむけると、「アラ？」とわかりやすくつぶやいて、チトーの番をとばし、メイ、テイラー、またクレイマーの番。

夜、コンピュータに向かって仕事中、私の左手にだれかがさわったので、私は、その背中をかきながら、仕事をつづけたのだが、一瞬後に気がついた。猫よりは大きく、クレイマーよりは小さいだれか……チトーである。

私はびっくりしたが、そのまま、そ知らぬ顔で、チトーの背中をかきつづけた。おやつでおびき寄せてもいないのに、チトー、自分から私の足元に立ち、私の指にさわられて、しばらく背中をかかれていたのだ。

親友枝元《えだもと》なほみに報告すると、「中学生くらいの女の子が、ごはんの前にピアノの練習もおわったし、みたいな感じだったんだね」と言った。ほんと、そんなゆったりした時間があったのだった。

7月26日

チトーと朝ベッドのしっぽり中、あちこちなでなでして、かきかきしついでに、首のネクタイをひっぱって遊んだ。今ならここにリードをつけられると思ったが、周りにリードは置いてなく、また今度と考えたけど、今度っていつだ。

こんなにゆったりしていても、リードをつけるには押さえつけねばならず、まず逃げるだろうし、逃げたら私は追いかけるだろうし、捕まえて押さえつけたら、ぎゃん泣きしてあたりかまわずおしっこをもらし、うんちをもらすだろう。そしてゆったりも信頼も、何もかも後退するだろう。

7月30日

昨日私はコロナのワクチンの二回目で、寝たり起きたりしてるから、チトーがべたべたしている。今朝なんて、寝てたら上からふわっと乗りかかってきた。猫たちがやるみたいに、そばにすわるときには面積いっぱいにこっちにくっつくし（クレイマーはやらない）、私が手を伸ばしても逃げずにいるし、胸や腋《わき》の下をなでまわしてもＯＫだし、ついでに首輪やネクタイにもさわらせてくれるし。

ベッドで、私が寝た姿勢を取っていさえすれば、そんなふうに大胆だが、リビングでは別人格とい

うか別犬格というか。おどおどして、こっちが動くとさっと逃げる。

ゴハンの前にゴハンぢゃわんをもって歩いていると、後ろからぶつかってきて、かかとを嚙む（かわいい）。

ちくわパーティーのときは、リビングでもどこでも、私の体全体にのしかかってきてワレ先に食べようとする。スワレ（sit）と言うとちゃっとすわる。

ゴハンのときはスワレをさせてマテをさせる。チトーはまじまじと私を見たり目をそらしたりしながら我慢づよく待つ。たらーりよだれがひとすじ垂れるところまで待たせてから（可笑《おか》しいやらかわいいやら）、「いいよ」という。

この「いいよ」は、代々の犬に使ってきたコマンドからの解放ワード。

チトーは待ってましたと立ち上がり、おちゃわんに顔を突っ込む。そして私は手ですくって食べさせる。そのときのチトーのくちびるや舌の柔らかくてあたたかいこと。缶詰とチキンの汁まみれのフードの、ぐちゃぐちゃで、手指にからみつくこと。そして私は、ここまで来たんだから、泣かせずにリードをつけると決意を新たにするのだった。

5 たったひとつ救ったところで

私は、どうしても、犬が傷つけられたり絶望したりするところを見たくないし、聞きたくも、読みたくもない。つまり書きたくもないのです。チトーを引き取るとき考えたのは、この仔犬《こいぬ》を殺処分から救いたいということだったのに、その殺処分ということについてはろくに知ろうとしてきませんでした。保健所で必ず読むように言われて渡された小冊子には、これが殺処分するところというキャプションがついて、大きな黒い穴がぽかりとあいてました。ほんとうは穴なんじゃなく、ガス室のドアだったと思うんですが、なにしろちらりと見ただけで読んでない。見つめてない。そのままなんだか真っ黒な穴が脳裏にこびりついています。ごめんなさい。これが私の、これまで、自分でも薄《うっす》らわかっていたけど直視してこなかった弱点でした。

7月末のある日、動物愛護センターに見学に行きました。職員と獣医さんに感じよく朗らかに案内していただいて、すぐにでも書こうと思っていたのに、書けていません。

センター内をすみずみまで見て歩きました。若いスタッフたちに何度もすれ違いました。職員なのかボランティアなのか、わかりませんが、暑い中、作業着で、犬の世話をするために、重たいものを持ったり、水を使ったりしていました。みんなよく知ってるように犬たちに接していました。

檻《おり》の中や囲いの中に犬がいて、通りかかる人たちに吠《ほ》えたり話しかけたりしていました。そこここの陰に犬がつながれていました。その犬たちも吠えたり話しかけたりしていました。

大きな焼却炉がありました。ここで死骸を焼却するのだということでした。昔は牛も焼却していたから、こんなに大きいのですと説明されました。

昔はガスで殺処分したそうです。ところが成犬には効いても仔犬にはなかなか効かないことがある。かなり苦しむ。実際、その日私をセンターに紹介してくれて、いっしょに行ってくれた人は、その場面も見たと言いました。声も聞いたということでした。今はガスではなく、薬でもうろうとさせて、注射をするということでした。

室内の大きな区画に、二四の犬がいました。その犬たちは他の犬とはぜんぜん違っていました。でも、私にはものすごく見覚えがあった。

そう、まるで、チトーみたいでした。

チトー、知らないだれかが来たとき、クレイマーがいなくなったとき、また首輪を変えようと（善意なのに結果的に）手荒なことをされたとき、自分の場所と決めている私のベッドのいちばんすみに行って、私の枕やら壁やらに身体《からだ》を押しつけんばかりにして、背中を丸くして縮こまり、おなかを、というより心臓を、抱え込むような姿勢を取って、こっちを見るのです。それがチトーの恐怖の表現でした。それとそっくりな表情と姿勢と視線を、その二匹がもっていました。

「この二匹は野犬です、どうにも馴《な》れません」

そこを出て、いろんなことを話しながらさらに見てまわりました。穏やかそうな獣医さんの話はほんとにおもしろく、多岐にわたり、こういう仕事にかかわった誠意と覚悟とそしてあきらめが端々から感じ取られて、私は話に聞き入りました。餌のことや引き取り手への対応や、人々に犬の飼い方をしっかり教えることや、今いる譲渡可能な犬たちのそれぞれの性格や、いろんな話を聞きましたが、その会話の中から私が知りたかった情報をつなぎあわせるとこうなるんです。

あの二匹の野犬のいる区画には奥に扉があり、怖がって逃げるのを追い込んでいけば、その扉から向こうの部屋に入れることができる。それが焼却炉の真裏の位置になる。今はほとんど殺処分はしない。ここにずっといる犬もいる。しかしどうしてもしかたのない場合、病気だとか、噛《か》みつく癖がぬけないとか、そういう犬だけが殺処分の対象になる。

「たとえばあの二匹、たぶん殺処分です」と獣医さんがぽつりと言いました。

私はずっと写真を撮っていました。焼却炉も撮ったし、つながれて寝ている犬も、水遊び場も、犬だまりみたいな囲いの中で穴を掘っている犬も、「あの犬はびびりでねえ」と指さされた犬が見慣れない私たちにびびってうろうろしているようすも。そしてあの二匹が薄暗い区画のいちばん奥で怯《おび》えて背中を丸めてこっちを見つめる表情も撮ったのでした。それがiPhoneの写真の中と私の記憶の中に、いつまでも、いつまでも残るのだろうと思うと、私は撮ったことをほんとうに後悔しました。

しばらくして私はまた別の施設に行きました。民間の保護施設でした。そこにも野犬がいました。あの二匹やうちのチトーとまったく同じように、背中を丸めておなかを抱え込んで怯えてこっちを凝視して、知らない人（私たち）がそばを通るたびにうろうろして、身体をすみっこに押しつけるようにしてなんとか遠ざかろう離れようとするのでした。

その施設には焼却炉はないから、殺処分にはならないと思います。でも怯えたままずっと暮らす。いやあのように怯えるのはそこに私たちがいたせいで、いつものスタッフだけだったら、もっとなじんで、ゆったりと生きているのかもしれません。チトーもそうですから。

施設のオーナーが言いました。

「ああいう犬は山に返した方がいいんですよ。こんなこと言えませんけど。山に放せば群をつくって、昔オオカミがやっていたように、増えすぎて困るイノシシやシカをコントロールする役目を果たす。基本的に人間を怖がるから、よほどのことがないかぎり出くわすこともない。それがいちばんいいんじゃないかと思うんですけどね」

オーナーがさらに話してくれました。知らない人からよく電話がかかってくるのだそうだ。動物好きで善意しかないような、そんな人が、動物愛護センターやレスキューセンターのボランティアグループの「あと何日で殺処分！」みたいなのをTwitter（当時）か何かで見て、思いつめてしまって精神がまいってしまって「なんとかしてください」とこの施設に電話してくる。もともと繊細な人たちなんだろうけど、そうやって心を病んでいく人も多いのだという話でした。


さて、私はそれで考えるのです。私のやったことを。チトーと名づけた仔犬。もしあのまま群れにいたならどう生きていったのか。

初潮もあったことだし、そろそろ雄犬と交尾して仔犬産んで育てて、仔犬産んで育てて、食べられるものはなんでも食べて、ウサギやネズミや猫を狩って、シカやイノシシなんかも狩れるときは狩って、森の中も夜の原っぱも知り尽くして生きていくのだろう。昼間は寝て、人間から隠れて逃げて、万が一遭遇したら怯えて逃げて、でも「仔犬はよくつかまるんですが、親犬はなかなかつかまりません」とチトーのいた保健所で言われました。野や山で暮らす一生はかなり短いだろう、病んで、怪我《けが》して、死んで、他の動物や虫や細菌に食べられていくのだろう。

保健所の担当の人に「こっちの方が少しだけ馴れやすそうに思えます」と言われていた雄の仔犬もいましたが、あの子は今頃どこでどんなふうに生きているのだろう。

この頃、Twitterにチトーの写真を出すと、同じように元野犬を飼っている人たちから返信が来ます。

どの犬も、柴犬《しばいぬ》的なＤＮＡが基礎にあり、そこにさまざまな犬種が複雑に入り混じっているような顔と色と形をしています。今はどの犬も成犬で、ちゃんとリードをつけてふつうに散歩に行くようです。どうもチトーは、他の犬たちよりよけいに時間がかかっているようです。

これも最初の、チトーのいた保健所で聞いたことですが、もらわれていっても馴れないと返されてくる、またもらわれて返されてくるというようなことが続いたら、しまいには殺処分の対象になるかもしれません、と。

命、たったひとつ救ったところで何がと思いながら、私はリードをつけられないチトーに、今日も悩み抜いているわけです。

8月1日

私のベッドが、まったく犬の居場所になり果てた。

以前はリビングにも私の部屋にも犬用マットが置いてあり、クレイマーはどこでも穏やかに横になっていたものだった。ところが、チトーが来てからというもの、犬用マットも猫ぶとんもすべて食いちぎられ噛みちぎられ、こなごなになり、代わりに毛布やタオルケットを敷いておいたら、それも同様にやられ、それでとうとう何も置かないようになった。犬たちは、クレイマーも、チトーも、昼間は私のベッドに寝ている。夜、私が寝るときには、犬をどかして、犬用に掛けてある布類をぜんぶはぎ取り、人用の布を敷き直し、人用の毛布やふとんを上にかけて眠る。ところが私はときどき、眠たさに負けてそのまま中にもぐりこみ、犬臭いぞう犬臭いぞうと思いながら眠ってしまう。

野犬の姿勢

チトーにベッドの上でおしっこされたときだけはさすがに臭さに耐えられず、ぜんぶ引きはがして新しいシーツに替えた。そのくらいおしっこのニオイは強烈だったが、犬臭いだけならなんとか眠れる。雄犬の犬臭さに比べれば雌犬の犬臭さなんて、体臭の強い人間と同じくらいで、よっぽどマシなのだった。

8月3日

朝チトーに起こされた。髪の毛をひっぱられ、前足ではたかれ、あちこち甘噛みされた。もうちょっと寝かせてといってもぐったら、上にどすんとすわってきた。しかたがないから顔と手を出して、腰とおなかをかいてやると、仰向《あおむ》けになった。それで頭を抱えこんでなでなでしてやった。

これでリードさえつけられれば。

つけて外に連れ出せさえすれば。

車に乗せて獣医のタカタ先生のところに連れていけさえすれば。

愛犬教室のカマダ先生のところにお泊まりにいけさえすれば。

……まだいっぱいある。できないことが。

クレイマーをなでなでしてリードをつけるところを、チトーがしっぽ振り振り楽しそうに見ていたので、今だと思ってリードをつけようとしたが逃げられた。でもまたすぐ寄ってきた。しかしそのせいかもしれない、その後、ゴハンだよといっても来なくて、私の部屋のベッドの上から動こうともしないのだった。

8月12日

チトー、第三のないしは第四のプラトー期。つまり「なで回してかわいがる」ところに行ったまま、そこから先に（たとえば「リードをつけて外に」）進まない。

8月初旬、大学の短期集中演習だったので、6日間留守をした。

犬猫、全員家に置いていったが、いつも留守番を頼んでいる、チトーもだいぶ馴れているコハちゃんが泊まり込みのバイトに行ってしまって頼めなかった。それで違う手段を考えた。

まず愛犬教室のカマダ先生が朝来てくれて、全員のゴハン、トイレの世話、そしてクレイマーの散歩と排泄《はいせつ》。

午後にはスジさんが来てくれて、クレイマーの散歩と排泄。夕方またカマダ先生が来てくれて、全員のゴハン、トイレの世話、そしてクレイマーの散歩と排泄。夜、同じ集合住宅の四階に住むミヤワキさんが来てくれて、クレイマーの散歩と排泄。人の善意と支払うお金とお礼のビールで、ローテーションはうまくいったのだった。

カマダ先生によると……。

1日目、チトー、先生を見るや「ぎゃっ」と叫んで、おしっことうんちをもらして逃げて隠れた。毎日行くうちにだんだん馴れていったようで、先生が台所でゴハンを用意していると、わきをさっと通り過ぎるようになった。それから通り過ぎるときにぶつかっていくようになった。それから近寄っても逃げなくなった。最後の日には（ちょっと離れたところから）写真も撮らせてくれた。

クイーンが大好きなミヤワキさんは、みんなの世話を頼むたびに（これまでもたびたび頼んでいる）、「わかりました。クレイマーの散歩と、みんなのエサやりと、それからブライアン・メイとロジャー・テイラーのうんちを取ればいいんですね」などとフルネームで請け合ってくれる。そのミヤワキさんによると……。

1日目、チトー、隠れっぱなしだった。2日目はバタバタ逃げるように行ったり来たりするようになり、3日目は行ったり来たりしながら、ミヤワキさんにちょっとさわっていくようになり、4日目にはミヤワキさんの差し出した手からおやつを目をそらしながら食べ、5日目にはミヤワキさんの正面を向いておやつを食べたそうだ。クレイマーは、1日目は散歩に行かなかった。2日目はうなだれて歩き、3日目からは観念したらしくちゃんと歩くようになったそうだ。ブライアン・メイとロジャー・テイラーはふつうにいい子だったそうだ。

スジさんは、クレイマーにものすごく愛されているので、散歩に関しては何の問題もない。しかしスジさんによると……。

チトーは一回ちらりと見たそうだ。テイラーは毎回抱っこされに来たが、メイは一回も見なかったそうだ。

ほんとに違う。四にん四様の生き方。

8月16日

チトーの首輪にリードをつけようとして、リードをつねに持ち、身近に置き、クレイマーにつけてはおやつ、外してはおやつをくり返しているが、機を見るに敏なり、どんなことをしていても、こっちが動けばさっと逃げる。

ついに今日、手を出したところ、あわてて逃げ、その拍子に椅子を押し倒し、椅子の脚の中に頭を突っ込み、抜けられなくなり、ぎゃんぎゃん泣いておしっこをいちめんに振りまいたので、助けてやろうと首回りをつかんだところ、もがいているチトーの爪に（チトーの意思に、ではない）ひっかかれて痛々しいミミズ腫れができた。そのまま近寄ってこなくなったが、ちくわパーティーを開催したら、屈託なく寄ってきて、手から食べた。まだまだ。

8月17日

大雨につき、外から帰ると、クレイマーがぐしょぐしょに濡《ぬ》れている。Good boy, good boy とささやきながら、タオルで拭きまくる。クレイマーは、この手順がいやじゃない、というかかなり好き。うっとりと頭を膝にのせて、身体を預けてくる。その周囲を跳びはねながら待っているチトー。近づいてきて私の顔をなめそうになったり、タオル噛んでみたり、そこにいるメイに噛みついてみたり、あおおおと遠吠えしてみたり。さわると逃げるが、すぐまた来る。私はすきを見て、ネクタイリードをさわろうとするが、なかなかさわれない（ベッドの中でなでなでしているときは容易にさわれる）。終わるとミルク。みんなにミルク。

8月23日

ここ数日、心身が重たくて、世間には退職というものがあるという。親しかった編集者の誰さんも退職していなくなった、隣人の彼さんも退職して、今は昼間も土手を走っている。私のこの心身の重たさを考えると、私もそろそろ退職かなあ、しかしそもそも定期の仕事じゃないし、会社や組織に雇われているわけじゃないから、自分で決意しないと退職にならない。

この頃、友人たちが、ひとりまたひとりと深刻な病気になっていく。そういう年頃なのだ。退職、私がするなら、人生の退職なんじゃないかなあ、それはどういう意味かなあ、などと考えていたとき、台所で、何かが臭い、死骸でもあるか、猫がうんちしたか（そんなこと絶対に猫たちはしないのに）、ニオイの元を探し回っていたところ、チトーが猫たちのうんちを持ち込んで、食い荒らし、私がそれをふんづけて歩きまわっていたせいだということがわかり、人生の退職、この子たちがいるうちはまだまだとため息をついたのだった。

8月24日

今朝、起きてパンツ（下着でなくズボンの方）をはいたら、ポケットがぐしょ濡れであった。そこにはおやつが入れてあったがなくなっていた。入れてあったのは、猫たちが好きなささみの干したのじゃなくて、犬たちの好きなジャーキーだった。猫がかじったら開くはずの穴が開いてなくて、ただ、ただ、ぐしょぐしょに濡れそぼっていた。そしてこれだけの唾液の量は……ということで、チトー。なのであった。

チトー、1日に一回はかならず足元に来て、立って待ってるから、背中をかいてやる。ずっとかかれている。

8月29日

チトーですけど。

変わりません。

こうして日々の変化を書きとめてはいても、すると、いろいろな変化があり、前進はあるように見えていますが、実は、基本、ぜんぜん変わらないわけです。

愛犬教室のカマダ先生に、抜本的な相談を持ちかけてみようと毎日考えるが、実行しないままに過ぎていく。たぶん相談しても何も変わりません。結論はわかってる、ような気がします。

ゴハンの前はうれしさでぴょんぴょんし、私の手から、恐れずにゴハンを食べ、ベッドに横になると寄ってきて私にもたれて眠る。あごや腹は、下からならさわれる。頭や背中は、私がベッドに横になっていればさわれる。ふつうの飼い犬みたいに、さわらせてくれる。でも、横になっていないとさわれない。

ゴハン中でも、なでなでの最中でも、私がちょっと動くと、反応して跳び上がり、遠ざかり、怖《おそ》ろしいものを見たような表情をして私を見る。そしてなかなか戻ってこない。私がリードの「リ」と考えただけでも、察知して跳び上がり、遠ざかり、戻ってこない。

私はおいしいものをくれる人、家族が信頼している人、と認められている。ときどき家族とすら思われている。つまり、馴れてなつかれていると言えるが、その先に踏み込めないまま、ただ毎日同じことをくり返していく。

このままかなあと思います。無力感にさいなまれます。

でも、あきらめたらそこで試合終了ですよと、昔だれかが言いました。

獣医のタカタ先生のところに、クレイマーのかゆみ止めの薬とフィラリアの薬、チトーのノミダニの薬をもらいに行った。ついでに相談してみた。

「ふむふむ、9月後半は海外なんですね、で、その間、学生さんとカマダ先生に、お願いするわけですね」

温厚でいつも楽しげな先生がちょっとだけ悪い顔をして、「それじゃね」とささやいた。「10月になったら、チトーちゃんを、ちょっと強い薬で眠らせて、連れてきてもらって、体重をはかって、予防注射を打って、避妊手術もやっちゃいましょう」

9月7日

「クレイマーおいでー」と呼ぶと、クレイマーがだだだだと走って来る。クレイマーに巻き込まれるみたいにチトーも走って来る。「クレイマーかわいいかわいいかわいい」と体を抱きしめてやると、チトーが「アタシはアタシは」と言わんばかりにして近づいてくる。だから私はチトーもなでる。なでられて、なでられ終わるとさっと逃げる。（もっていれば）おやつをやる。食べ終わるとさっと逃げる。

しっぽをまいてびびって腰を落として逃げる。どんな物音にも逃げる。私のどんな動きにも、動けば逃げる。ゴハンを食べている最中でも逃げる。遊んでいても逃げる。

その逃げ方はチトーの心というより、野犬全体の総意が固まっているようだ。動物愛護センターで見た野犬たちもみんな同じ体勢をとって逃げようとしていた。チトーも、いまだにそうする。

私はそれを見るのが好きではない。矯正したいと思っている。いっしょに暮らすからには、親愛の、信頼のきもちをお互いにあらわそうじゃないか、クレイマーと私みたいに、と私は考えている。いやむしろ、そう信じこんでいるのだと思う。信仰みたいなものだ。「友情・努力・勝利」であります。

それで、いろいろ工夫する。猫と遊びながら、猫じゃらしのひもをわざとチトーに引っかけてみたり（チトーは逃げる）、ゴハンをやってる最中にわざわざ立ち上がって（チトーは逃げる）すわり直してみたり。まだ逃げる。ずっとやってるから、逃げ方がマイルドになってきたような気がちょっとする。

ベッドの中では（私は横になっている）なんでもできる。なでる、さする、なんでもできる。首のまわりをなでまわし、ネクタイをひっぱったり首輪をつかんだりもできる。あごの脇、耳の裏、しっぽのつけ根あたりを、チトーはすすんで私に差し出して、かいてくれ、と目で言う。

で、私は、ああ今だ、今踏み込めば、とっ捕まえてリードをつけられると思うのだ。毎日同じことを思い、毎日同じように踏み込めないでいるのだ。

踏み込んだら、どうなるか。チトーは跳びすさり、泣いてわめいてうんちもらして、部屋中のものにぶつかりながら逃げ惑うだろう。私が手を離さなければ、力でネジ伏せて頑丈なリードをつけられるかもしれない。羽交い締めにして押さえつけることもできるかもしれない。

私には、それができない。できないし、したくない。友情・努力・勝利に反するからじゃない。

チトーはきっと泣いてわめいて、うんちをもらす。

いやうんちのせいだけじゃない。チトーは、いやなことをされると、目を開けたまま動かなくなる。開いた目は何も見ない。ここにいるけど、ここにいない。そんな表情で固まる。そんなチトーを何回も見た。私は何より、あれを見るのがいやなのだ。私の存在も感情も、すべてを否定され、拒絶されてしまうような気がして、ものすごくいやなのだ。

9月9日

愛犬教室のカマダ先生が来て、チトーについて長い立ち話。そして先生はクレイマーを連れて帰った。私の外仕事が重なるので、クレイマーだけお泊まりなんである。

チトーは、カマダ先生が来たのと（先生のいた間、チトーは私のベッドの枕の上でちぢこまっていた）、自分のことを話されていたのと、クレイマーがいないのとで、私のことまで知らない人みたいにびびり、警戒し、逃げ惑っていた。

9月10日

クレイマーなしで2日目。

チトー、ずっと排泄なしで、今朝になっておしっこしてうんちした。しかし初めての下痢だった。夜はいつものとおりベッドの上の足元で。なでなでもかみかみもさせてくれないまま。朝は足でなでなで。手ではさせてくれない。私が起き上がると、またびびりモードに入って、今にいたる。今までの交流は何だったのか。昨日、チトーは何もひどい目に遭わなかった。ただカマダ先生が来て、私と立ち話して、クレイマーがいなくなっただけだ。

9月11日

チトー、まったくそばに寄ってこない。「なんでとーちゃんを預けた？」とずっと糾弾されている気がする。この仕打ちに耐えられなくなって、ついにカマダ先生に連絡し、クレイマーを帰してもらうことにした。明日もまた私は、1日じゅう外で仕事の予定なのだ。排泄は外でするクレイマー。さあ、どうする？

午後、クレイマーの帰還。チトー、怯えと正反対の、でもそっくりの、背中を丸めてしっぽをおしりの下に突っ込む体勢でおどり迎え、クレイマーにうるさいと言われる。「クレイマー、アイラブユー、会いたかったよー」と、私が東京から帰ってクレイマーが出迎えてくれるときみたい

に騒いでいたら、チトー、現金にも私に近寄ってきて、なでろなでろ、と目で催促。

9月12日

チトー、今朝はもうふつうにふるまう。クレイマーの威力、すごすぎる。

ベッドの上でかみかみとなでなで。クレイマーに「かわいいかわいい」をしていると寄ってきて、図に乗って、私の手を突っついたり噛みついたりする。立ち上がるとたちまち逃げる。

ゴハンは、まだ、私の手からは食べたくないそうだ（クレイマーがいなくなる前は手から食べていた）。

「かわいいかわいい」というのは、私がクレイマーを抱いたりなでたりし、クレイマーが私の股の間に顔を突っ込んでうっとりすること。雨の日に外から帰って濡れた体を拭くためにやってるうちに定着した。クレイマーはつねに無口で無表情なんだが、これはものすごく好き。

今日は1日じゅう外で仕事だったが、クレイマーの排泄は、私が数時間おきに家に帰り、外に出し、また出て行くことで解決した。父が生きていたときと同じく「自分が動けば済む」作戦だ。あの頃は日米間の行ったり来たりだったが、あれに比べれば、熊本市内の行ったり来たりは、チョロいのだった。

6 ここにいるけどここにいない

9月半ばから9月末まで、2週間のドイツ行きでした。

いえ遊びじゃありませんよ、仕事です。その間は、私が東京に行くときにはいつも来てくれるコハちゃんに泊まり込んでもらう予定でした。

ドイツにいる間はよかった。人がマスクしているだけで、わりと昔どおりのドイツでした。でも行き着くまでがたいへんで、帰ってくるのはさらにたいへんでした。

あの時は（2021年）、海外から帰ってきた人たちに、2週間の「待機」が課せられていたのでした。そして公共交通機関には一切、飛行機も電車もバスも乗ってはいけないのでした。つまり熊本に帰れないのでした。それで私はいろいろと計画を練りまして、ついに、こういうベストな方法を考えついた。

まず、福岡から入国する。レンタカーはOKなので、それで熊本の自宅に帰って、後は自宅で、何週間でも、心ゆくまで「待機」する。

ところが今どきは福岡発着便が少なくなってまして、少ない選択肢の中からやっと予約を取ったのが、シンガポール経由のフランクフルト便。行きは名古屋から出て、帰りは福岡へ。帰りのシンガポール空港での待ち時間が19時間という、ひどい旅程でしたが、それでも東京で2週間の「待機」よりはいいと考えた。

難儀は、行きから始まりました。予約しておいた飛行機に乗せてもらえなかったのです。ドイツは、接種証明があればPCR検査はいらないのですが、なんと2021年9月のときのシンガポールという国は、トランジットだけでも、入国しなくても、何がなんでもPCR検査が必要という国だった。

次の便は2日後だから、ドイツでの仕事に間に合わない。それで急遽《きゅうきょ》、羽田からのドイツ直行往復便を取り直し、それは深夜発で、帰りも羽田に帰ってこなくちゃならなくなり、長い間かけて練った計画がぱあになりました。

そこにもいろいろ問題が起こり、日本円をろくに持ち合わせてなかったり、いちおうやっとこうと思ってPCRを羽田の待ち時間で受けてみたら、国内用だった（英語で書いてなかった）り、急遽取ったやつが、Ms.じゃなくて、Misterで取っちゃってたり……そういうのをひとつひとつ解決しながら、ドイツにたどりつき、やるべき仕事を終え、ドイツを発《た》って羽田に帰り着き、迎えに来てくれた友人の車で友人の家に行って、そこで2週間。

熊本では、コハちゃんがそのまま家にいてくれました。

チトーはいつも家に来てくれるコハちゃんによくなついていました。

この場合、なついているというのは、コハちゃんがリビングにいれば、チトーはびくびくせずにリビングに出てくるということです。コハちゃんが足を投げ出してすわっていれば、近づいてきてその足のニオイを嗅ぐということです。コハちゃんがちくわを持っていれば、ほしがってねだって近づいて、ときにはコハちゃんの膝に足を乗せて要求するということです。そこから先へは行きません。それは私もまったく同じ。そこまでは行くんですが、そこから先へは行きません。

私はおいしいものをくれる人、クレイマーが信頼している人と認められている。ときどき家族とすら思われているかもしれない。馴れてなつかれているとも言えるが、その先に踏み込めないまま、ただ毎日がくり返されてきたのでした。

やがて2週間の待機期間が終わり、10月の半ばに、私は熊本に戻ってきました。1か月の不在でした。チトーは、私を見て、逃げ惑いました。まるっきり野犬でした。

9月15日

明日からドイツ。昨日今日とキリキリして準備していた私のそばを、チトーもいっしょにキリキリ走りまわり、怖い怖い怖い怖いというようにすり抜けていくのだが、半分ゲーム気分らしく、わざわざぶつかっていくのである。

10月1日

（待機中の東京の友人宅で）

留守番コハちゃんから、トイレについてくるクレイマーとチトーの写真が送られてきた。私よりもべったべたに甘えているように見える。

10月3日

コハちゃんからの報告。股関節を悪くしているテイラーは、薬入りのちゅ〜るを食べなくなり、メイは洗濯機の上のかごを洗濯機の裏に落っことし、入っていた洗剤のボトル等々洗濯機の裏に落ちて取れなくなった（メイは籠もろとも洗濯機の裏にひっかかっていたところをコハちゃんに救出された）。チトーはコハちゃんの手からおやつを食べるようになったが、メイの耳に噛《か》みついてひきずりまわすので、メイの耳が禿《は》げた。クレイマーが止めてくれるときもあるが、止めてくれないときもある。クレイマーはあいかわらず下痢。元気のない植木鉢が二、三ある。——とのことだった。

10月16日

母帰る。チトー必死で逃げ惑う。一からやり直しか。嘆息。

10月17日

チトー、逃げ惑う。昨日はちくわパーティーに不参加。今朝は台所に肉などもらいに来た（クレイマーといっしょに）。でもそれだけ

で、あとは必死で逃げ惑う。

夜寝ようとしたら、ちゃっかりベッドの上に来た。翌朝、猫たちをかまっていたら、チトーが来て、背中をかきかきさせてくれた。私が立ち上がると、また逃げ惑う。

テイラーはやはりまだ腰が悪いようだが、1か月前に比べて表情は段違いに明るい。

メイは私を無視していたが、机に向かっていたら、何もなかったようにすり寄ってきた。

10月18日

帰って3日目。

チトー逃げ惑い、ゴハンのときのスワレもしない、手からも食べない。二口ほどおわんから食べて逃げる。そのまま食べに来なかったから、クレイマーがふたり分食べた。

昨日は知らない人たちが取材で来て、ずっと家の中でがちゃがちゃやっていたので、チトーはさらに必死で逃げ惑わなければならなかった。それで、ずっと私のベッドの枕の上にいた（そこが避難所……チトーは追いつめられるとうんちをもらす。私は、そこでだけは、うんちしてもらいたくない）。

夜は私にくっついて眠り、明け方なでてやると、うれしくもないという顔で、耳の後ろ、首の下、のど、胸、なでさせてくれた。

2日間、チトーが食べないとそのまま下げていたが、3日目の夜は私の部屋（チトーはもともとそこに隠れている）に置いて、ドアを閉めてみた。完食。

10月19日

帰って4日目。

私が台所にいると、私の部屋とリビングを行ったり来たり、ずっと走りまわっていた。これはチトーなりの期待と催促かもしれないと思い、いつもは先にやる猫たちのゴハンと犬たちのゴハン、四にん分を、私が「ゴハンの歌」を歌いながらお盆で運び、期待感を盛り上げつつ、猫たちに置き、犬たちに置いた。スワレもマテもなし。するとチトー、みんなといっしょに食べたのだった。

10月20日

チトー、再起動。朝から猫のうんちを遊び食べ、猫砂を部屋中に散らかし、私のサンダルをベッドの上でかじり壊し、スリッパを噛み抜き、エンピツ一本ボールペン一本を噛み砕き、メイに噛みついてひきずりまわし、今はボールと激しく格闘中。まだびくびくしてはいるが、昨日までみたいに、ずっと私のベッドの上の枕の上で「待機中」ということはない。

10月22日

朝の7時とか8時とかに脇目もふらずに仕事していたら、後ろでチトーがお祭り状態。スマホの自撮りモードでのぞいてみたら、クレイマーにかまわれて、めっちゃ楽しそうだった。で、また脇目もふらずに仕事に向かっていると、後ろでさらに激しくわっしょいわっしょい。見に行ったら、いちめんのかつぶし、いちめんのかつぶし、いちめんのかつぶし、いちめんのかつぶし、いちめんのかつぶし、いちめんのかつぶし、いちめんのかつぶし。メイとチトーの最強タッグ（カウンターに乗ってブツを爪で引っかけて落とすメイに、すかさずそれを破壊するチトー）に、クレイマーとテイラーが乗っかったようだった。びりびりに破られたかつぶしの袋にまいあがるかつぶし。いちめんのかつぶし。

10月25日

スリッパというスリッパ、内ばきの靴という靴を、チトーにやられ尽くしたので、昔からある学校用の上ばきシューズを買ってみた。すると、固くてはきにくい上に大きくて見るたびにぎょっとする。うちにいつもあった子ども用のはもっとずっと小さかった。いつもっていつだ。30年前の話だ。

10月26日

今朝なかなか起きなかったら、チトーに何度も腕を噛まれ、髪をひっぱられ、起きざるをえなかった。クレイマーも猫たちも私を起こしに来ないのに、こんな、まださわらせてくれない野犬に叩《たた》き起こされるとは……。

チトー、昨日からまたゴハンのときのスワレをする。今日もする。前みたいによだれが出るまで待たせないで「Good boy!」とほめてすぐやる。「girl」の発音がめんどくさいので、チトーも「boy」で済ませている。

10月27日

朝、目が覚めたら顔の横にチトーの顔があり、こっちを見ていた。ならんで寝ていたらしい。私が気がついたのに気づいて少し離れたが、手を伸ばしてなでまわしてやると、そのままおなかを出して、モットヤッテと。

11月1日

動物病院のタカタ先生に、テイラーの股関節を診せにいき、ついでにチトーの予防注射と避妊の相談。

8月末には、「ドイツから帰ったら、チトーを薬で眠らせて、体重をはかり、予防注射に避妊手術もやっちゃおう、何日か入院していれば少しは馴れるんじゃないか、リードもつけられるし」という計画になっていたのだが、今のチトーの状態を見ていると、そういうことをして、トラウマなしで無事に済むとはとても思えない——

私は先生にそう言った。

実は、来年6~8月の3か月間、ドイツの某研究機関に長期滞在の予定がある。今年の夏頃、本決まりになり、私はそれ以来頭を抱えている。

犬猫がいて無理だから、せめて期間を短くしてと、私は何度も交渉したが、招待してくれたドイツの友人に、その都度押し切られた。とても名誉なことだし、あなたのためにもなるというのがその言い分。それはそうだし、よくわかるし、昔は是非ともやりたいと思っていたことなのだが、なにも今、チトーのいる今、本決まりにならなくてもいいのではないか……。まあしかし、楽天的な私である。まだ時間はある、その時までになんとかなってるだろう（そしたら先生のところにクレイマーともども預けよう）と考えていたが、今になってみると、もしかしたらなんとかならないかもと考え始めている。その上何かにつけ頼っていた学生コハちゃんが、ついに来年の4月から東京の大学に帰ることになった。

タカタ先生に相談したら、とりあえず薬作戦は中止。そして、「今からは、その学生さんに頼まずに、愛犬教室のカマダ先生に頼んで、少しでもカマダ先生に馴らしていった方がいいでしょう」と言われた。

たしかにこの夏の1週間、コハちゃんがいなくて、カマダ先生に1日二回来てもらい、友人隣人の力も借りつつ、なんとかしのいだが、3か月という長丁場、いったいどうなるか。前途は多難、どころじゃない、なんにも、なんにも、見えていない。万事休す、なのかもしれない。

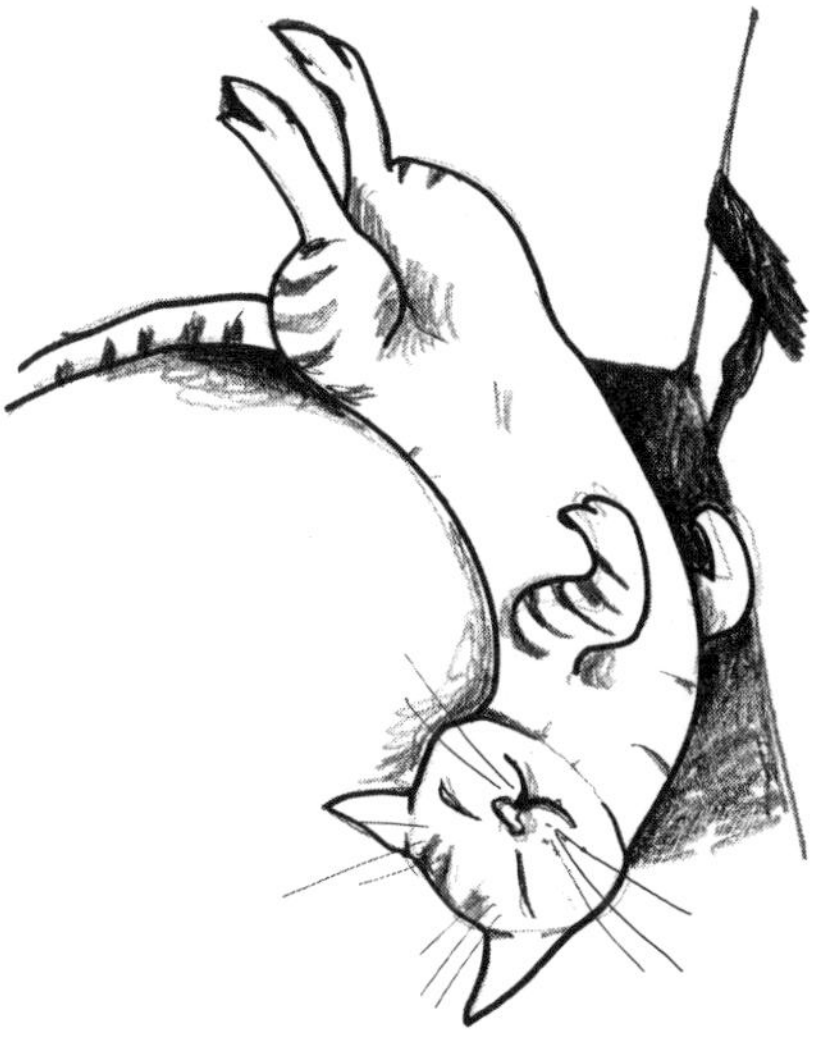

7 火を見つめるコヨーテのように

犬は避妊するか去勢するか。飼い犬はみんなやってます。日本でもアメリカでも、それが常識になりつつあると思います。英語で、雌の避妊はspayと言い、雄の去勢はneuterと言いますが、両性に使えるのがfixという言葉。日本語には共通の言葉がないのです。

クレイマーの親友犬（雄）は2か月で保護センターから引き取られてきたのですが、そのときにはもうすでに去勢されていました。クレイマーは推定7か月で、ジャーマン・シェパード救済センターから引き取ってきたのですが、そのとき「来週かならず去勢してくれ」と言われました。どうも保護センターでは、犬の譲渡をするときは去勢避妊をするのが義務のようでした。去勢代は譲渡代に含まれているからということで、センター指定の知らない獣医まで連れていって、預けてきました。まだボンディングもできてなかった頃ですが、半日後に迎えに行きまして、奥から連れてこられたときの表情が、他の犬たちを迎えに行ったときの「あ、おかーさんだあ」という表情だったので、私はほんとにほっとしました。

その後、家に連れて帰る車の中でひいひいと泣き出して、あの角をまがったら家、というところで、うんことおしっこをもらしました。クレイマー、恥じ入って小さくなっていましたが、知らない獣医に怖《おそ》ろしいことをされて極限まで我慢していたのがすごくよくわかる。2、3日つけたままでと言われたエリザベスカラーは、家に入るや、あっという間に食い破って脱ぎ捨てました。

去勢はしましたが、クレイマーのペニスはその後も勃起しつづけました。あまりによく勃起するので、あの獣医はほんとうに去勢したんだろうかと何度も考えました。

クレイマーの前にいたシェパードのタケは、元の飼い主が仔犬《こいぬ》を産ませたがっていたので、避妊手術をせずにいたのですが、その間私はかかりつけの獣医から、ねちねちと、実にねちねちと、避妊しなさいと言われつづけました。獣医に行くたびに教え諭され、説教され、そのうちなんだかこの獣医、こっちがアジア人だと思って上から目線なのかしらと思い始めてついに私は獣医を変えました。

その後、6歳か7歳、つまり中年になりかかった頃、元の飼い主も仔犬をあきらめ、私たちはタケに避妊手術をしたのでしたが、それまで発情期が定期的に来て、そのたびに出血していたはずなんです。クレイマーよりずっと強面《こわもて》の、強引な態度のシェパードだったので、発情期のようすが記憶にないんですよ。

ここで、犬の月経のおさらいをしておきます。いや月経と言うのは語弊がある。人間のは月ごとだが、犬のは月ごとにあるわけではないので。

人間の月経は、排卵して受胎しなかったら黄体ホルモンが減少して子宮内膜がはがれて出血、だった、はず……ああ、自分に関係なくなったら、くわしいことを忘れてしまった。

犬のこの月経のような出血は、発情期のしるしです。卵胞ホルモンが増加して、充血して起こる出血。出血し始めてしばらくは準備中ですが、やがて準備がととのって、交尾・受胎ＯＫになるが、まだ出血は続きます。

雌犬タケのときに気にならなかった理由のひとつに、私も含めて家の中に何人も月経のある女がいて、月経も生理もメンスも、ごくごく日常茶飯事だったということがあると思う。そしてアメリカの家は土足ＯＫで、タケはベッドには乗らなかったんです。

それでチトー。狭い日本の家の中で、閉経後の女がひとり暮らすところで、いきなりこんな生々しい出血を見せつけられて、私は、どぎまぎしつつも、楽しくてたまらない。

チトーは、経血が少しでも出てきたら、なめとってしまうようです。そしてそれをクレイマーもなめるんです。甘露みたいな味がするんだと思います。

昔、アメリカに移住する前、思春期の娘たちがこの家に住んでいた頃、敷きふとんやマットレスに経血のしみがつきました。何十年も経って、ただの茶色いしみになっています。そしてチトー、8月にあった初潮で、私のベッドカバーが生々しいしみだらけになりました。だって、毎晩ここでチトーが寝てるんですから。

12月4日

去年買ったストーブ、ガソリンスタンドの事務所（吹きっさらし）にあったやつが、野趣があっていいなと思って探したら、安かった。これが暖かい。ちろちろと燃える火が見える。それでより暖かい。で、ときどきその前にすわりたくなるのだが、肘掛け椅子にはつねにだれか（犬とか猫とか）がすわっている。椅子の肘掛け部分はひどく嚙《か》まれてざらざらのボコボコである。座面と背もたれには、ありあわせのクッションやざぶとんを重ねてしのいでいる。そこにみんながすわりたがる。それでしかたがない、私はフロアの板の上にすわってストーブの火を見つめた。まるで野営地で焚《た》き火している気分であった。

そしたら、コヨーテが（チトーですが）一頭、びくびくしながら近寄ってきたから、ジャーキーの切れっ端を出してやったら、くわえ取ってさっと逃げた。「ここまでコヨーテを馴《な》らすのはたいへんだったんだよ」とだれかに言いたくてたまらない。

12月5日

さっきからクレイマーがチトーと、激しく噛んだり噛まれたりして遊びつつ、ついにペニスを勃起させて、本格的交尾スタイルでチトーを抱え込んで乗りかかった。しばらくやっていたが、すっと醒《さ》め、見つめている私のことをチラリと見て、そんで、また始めた。

12月6日

クレイマーを連れて散歩に出かけるのを、窓からチトーが見ている。写真に撮ると、夜はチトーの目が赤く光る。出ていくときはずっと見ているが、帰りは私たちの姿を認めるや、ぱっと身をひるがえしていなくなる。玄関に走って行くのだ。ドアを開けるとそこにチトーがいる。チトーの視線はクレイマーに釘《くぎ》付けになり、再会がうれしすぎて、後ろ足で立ち上がり、跳ねまわるチトーなのだった。

12月8日

昨日と一昨日、来客が立て続いた。

一昨日の来客は、チトーの知らない男が二人。チトーは、隣人ミヤワキさん以外の人間の男を認めないので、私に対して、おかーさんも悪いヒトの仲間だったんだと言いたげに、逃げ惑っていた。

昨日の来客はコハちゃん。チトーは「この人知ってる」と一瞬なごんだが、コハちゃんの連れてきたもうひとりの学生を見て、「この人知らない」とパニクったのだった。

でも、今日になったら、ツキモノが落ちたみたいに、いつもどおりに走りまわっている。とたたたた、とたたたたたという足音がひっきりなしに聞こえる（私は仕事中）。

12月10日

私の仕事場は私の寝室兼で、私のベッドは昼間、犬の臭気よけのカバーをかけて、クレイマーとチトーの基地に開放している。

私は仕事場で仕事中だった。たたたたたたたたと近づいてきたから、見ると、ボールをくわえて私を見て、目が合ったら、とたたたたとリビングに帰っていった。

仕事場で仕事をしていると、チトーはしょっちゅうやって来て、私の腕を鼻でつついたり、椅子の肘掛けに前足をかけて立ち上がってみたり、ときには立ち上がりながら私の腕をちょいと噛んでみたりしておやつをねだる。私が立ち上がると逃げる。でも2、3日前の「逃げ惑う」ほどではない。

（これは昨日今日のことではないが）ゴハンだゴハンだ——と歌いながらゴハンを持っていくと、チトー、それはそれ

は喜び、跳ねまわり、跳び上がり、くるくると舞いおどる。クレイマーは、以前は静かにフセしてマテして食べていたのに、この頃チトーのゴハン舞に感化されて、いっしょに跳ねていっしょにおどる。

今日は、チトーが自分の性器をよくなめる。

12月11日

チトー、二度目の発情期。経血が滴っていた。

12月12日

クレイマーとチトーがしきりに遊んでいる。発情してないときに比べると、クレイマーからの遊びかけがあきらかに多くなった。噛んだり噛まれたり、追いかけあったり、楽しそうだが、やがて交尾ごっこに移行していく。

ほねっこというのか、骨型ガムの太いやつを買ってきた。クレイマーはこういうのが好きではない。それで、どうせ食べないだろうと思ってチトーだけにやった。そしたら半分かじったところでクレイマーに取られてしまい、取り返そうとするとクレイマーがうなるので、チトーはしっぽを振りながらけなげにフセの姿勢で待っている。

チンパンジーは、雄が発情中の雌に手持ちの食べ物をやって性交させてもらう行動が観察されたそうだ、根源的な売春行為だそうだというのをどこかで読んだが、チトーとクレイマーの間では売春も買春も成立しなかった。

そこでクレイマーにもうひとつやってみた。クレイマーはめずらしく受け取った。そのすきにチトー、さっと自分のを取り戻し、大急ぎで噛み砕き、今度はクレイマーのがほしくなって、また同じ姿勢で待っている。

クレイマーはしばらくかじっていたが、やがて放り出し、かといってチトーにやるわけでもなく、自分の体に近いところに置いて、チトーに取られないように見張りながら、寝たふりをしている。

12月13日

クレイマーが、ほねっこを頑固に守っていることに後ろめたさを感じている表情でこっちを見つめている。でもどうしても譲れないんだそうだ。

視線も姿勢も、クレイマーのそばのほねっこに、ただひたすら集中しているチトー。クレイマーが散歩に行って帰ってくるたびにクレイマーのほねっこをくわえて迎えに出てきて、またすぐ奪い取られてしまうチトー。

ほねっこ争奪戦はともかく、クレイマー、さらに激しく交尾ごっこ。チトー、よろこんで応じていく。

12月14日

ふたご座流星群。夜更け、11時半には、半月があかあかと照っていたのだが、流星を三つ四つ見た。午前2時前には、月が西の空の山の端に沈みかけていた。月の光がなくなればよく見えると思ったが、雲が出てきて、歩いているうちにどんどん広がっていった。それでも流星、八つ九つ見た。

遅くまで星三昧していたから、すっかり冷えて、犬たちをベッドからどかすのも、自分がストーブの前から動くのもめんどくさくなったので、リビングにキャンプした（ふとん敷いて寝た）。まるで森の中。目の前にモンステラはかぶさっているし、頭の上にポトスやフィロデンドロンがぶら下がっているし。

朝、目を覚ましたら、焚き火は消えていて（夜中に自分で消した）、ちびコヨーテとボブキャットの小さいやつがふとんの上にいて重かった。しかしこれでわかったのは、このコヨーテ（チトー）が夜寝る場所は、あのベッドの上なんじゃなくて、私の上だということだ。

12月19日

東京に一泊二日で行っていた。チトー、私が東京から帰った直後は逃げ惑ったが、少し経《た》ったら、ミルクやりのときに逃げずに待つようになり、ゴハンのときにも逃げずに待つようになった（ゴハン舞はまだおどらない）。

ここで説明しておくと、ミルク。

外に行って帰ってくるとミルクというのが、クレイマーの生活の「条件」なんですが、そのついでに、外に行ってもないのにミルクを毎回飲むチトー。メイとテイラーも猫用おちょこに一杯くらいお相伴する。

12月20日

私の留守中にチトーがクレイマー用の犬ベッドを破壊したので、昨夜はクレイマーが私のベッドに乗ってきて足元にどっかり寝た。めったにないことなので、とってもうれしい。

今朝、目を覚ましたら、いつもは足元にいるチトーが私の顔の横にいて、手を伸ばしても逃げずに、なでてもなでられるままになっていた。どの犬も好きな「眼球ぐりぐりなで」を久しぶりに施してみたら、やっぱり好き。

右隣には（いつものことだが）テイラーがいて、夜の間どこかで寝ているメイは（いつものことだが）私が目を覚ますと同時にやって来て、なでろなでろと要求しながらごろごろ言い始めた。

12月22日

朝から、クレイマーが水みたいなピーピーの下痢で嘔吐《おうと》で、ぞうきんやらタオルやら、ベッドのカバーやらクッションのカバーやら、私は三回目の洗濯機をまわしている。

クレイマー、排泄《はいせつ》はほとんど外でするが、緊急事態のときは階段の下にする。そこにはいつも新聞紙が敷いてある。そこにしたときはまさしく緊急事態なので、つねに下痢で、しかも大型犬の下痢便は大量なのだった。

理由はわかっている。きのうスーパーで豚足というものが目についた。犬たち、牛のひづめが大好きなので、豚足、いいかもと思って、ひとつ買って半分ずつやったところ、もちろん大喜びで食べたのだった。そしてこの激烈な反応が出た。

数か月前に、親友枝元なほみが、豚のスペアリブの少し肉のついた骨を大量にもって来熊し、おみやげだよーと言いながら、クレイマーに何本もやりまくり、当然ながらクレイマーはがつがつと食いまくり、つくったものを喜んで食べてもらうとうれしいから（料理人のサガである）、さらにやり、さらに食い、その後クレイマーは激烈な下痢嘔吐が続いて、しなしなと萎《しな》びてしまった。動物病院は休診日だったが、連れていって、抗生剤と整腸剤と休日診療代で１３８００円払った——あの悪夢を思い出した。

あのときもチトーはなんともなかったし、今度もなんともないようだ。

臭み抜きのため、家じゅうがらがらと開け放していて、風も光も入れている。なんだか春が来たみたいだが、めっちゃくちゃ寒い。

12月23日

クレイマー、下痢は家の中ではしなくなったが、嘔吐はおさまらない。水を飲んではがぼりがぼりといたるところで吐く。前回の薬、残っていたはずなのだが見つからず、またタカタ先生に連れていって１１８００円（今回は休日診療代はかからなかった）。帰ってきて薬をやって、いつもの棚にしまおうとしたら、前回の薬が後ろの方から出てきました。

12月28日

今度は私がヘタっている。昨日コンビニでかき揚げ丼を買って食べた。それに反応したとしか思えない。とにかく吐く。水を飲んでも吐く。クレイマーと同じような症状なので、クレイマーの高価な薬を飲んでみたが、ちっとも治っていくような気がしなかったのだ（気のせいかもしれないが）。

しかたなしに、めったに行かない自分用のかかりつけ医に行った。犬は医者にひんぱんに連れていくのに、自分はめんどくさがって、とんと行かない。

人間のお医者さんに「犬の薬は飲んだらだめです」と叱られて、人間用の抗生物質と人間用の整腸剤を処方してもらった。クレイマーのは１１８００円だったが、私のは１０８０円だった。

家に帰って、薬飲んで、ひたすら寝ていると、クレイマーは足元を動かない。猫たちもつられて枕のそばから動かない。そしてコヨーテも、飼い犬のふりをして、ベッドの上に、だれよりも私にぴたりとくっついて寝ている。

12月29日

まだクレイマーが必死に交尾ごっこ。チトーもいやじゃなく、むしろ前足で「ちょいと～」というように誘っている。ところが犬の前足は棒のようにぎこちなく、チトーがどんなに心をこめて性的に誘っても、ごんごんとクレイマーを叩《たた》くばかりだ。

私の体力は恢復《かいふく》せず、散歩に行く気がしない。歩き通せる気もしない。目の前の河原をぷらぷら歩いて、すぐうちに引き返す。ベッドに戻ると、ぞろぞろとみんな来て、みんなで眠る。でもその結果だと思う。チトーが今日ひさしぶりに手ぢゃわんでゴハンを食べた。

12月31日

朝、私が目を覚ますと、まずメイがごろごろ言いながら頭をすりつけてくるのだが、なんと今日は、チトーが、おきたおきたおきたおきたと言わんばかりに飛びついてきて、乗りかかってきた。鈍い硬い爪が顔に当たって痛かった。

ストーブの火を見つめながら、静かな年越し。シャンパンもなく、パーティーもなく。そばはさっき食べた。ひとりで食べた。天ぷらもなしで、卵だけ落としたやつ。テレビは持ってない、音楽はかけっぱなし。いつものワインをすすりながら、ストーブの前で本を読んでいて、ふと見たら、もう年は明けている。それで枝元に電話して、娘たちに「あけましておめでとう」のＬＩＮＥして、どうせカリフォルニアは夜中だし、まだ年は明けてない。

野営地に近づいて火を見つめるコヨーテのように、チトーが近づいてきて至近距離にすわる。「めっちゃ馴れてるじゃん、このコヨーテ！」と仰天するレベルだと思うと得意である。

8　あの表情を見たくないのだ

チトーはいつも怯《おび》えています。立っている人（私）や、ドシンガシャンという物音や、何かの動きが、怖くてたまらない。怯えて警戒せずにはいられないのが、脳髄の奥の奥、脳のヒダというヒダのすみずみまで刷り込まれているのであります。ＤＮＡみたいなカタチで先祖代々受け継いできたのかもしれませんし、生まれてから別れるまでほんの2か月くらいの間だったけど、犬語で母犬にささやかれてきたことかもしれません。

いいかい、チトーや。怖いことが起こったら、動かなくなるんだよ。目は閉じたらだめだよ、外が見えなくなるから。でも目玉を動かしちゃいけないよ。目は開けておくけど、何も見ないんだよ。ただ石になったふりをするの。

怖いことってなあに、おかあちゃん。

ヒトかしらねえ。大きくて、強くて、棒やら網やら、いっぱい持っていて、あんたに痛いことするんだよ。

などという教えを真に受けたあまりに、この犬は、5歳になっても、7歳になっても、こんなふうに怯える野犬の心をひきずって生きるんだと思います。

ああ、そしてたぶん、2か月くらいのときに、ごそごそとお母さんのおなかの下から這《は》い出して、さあ巣から出て外を見ようと思ったとたんに、その大きくて強くて、愛情なんかひとかけらも示してくれない存在に追いかけられ、手荒に捕まって、暗い冷たいケージの中に放り込まれてしまった経験が、その教えを、さらにさらに、脳のヒダの裏という裏まで刷り込んだに違いないのです。

1月12日

最終便で東京。夜の7時過ぎに、ゴハンやって、クレイマーの散歩もして、家を出てきた。13日、14日といなくて、15日のお昼頃に帰ってくる。

愛犬教室のカマダ先生が、朝7時頃、来てくれる。

お昼頃、同じ集合住宅に住む隣人ウエキさんが、クレイマーをおしっこに連れ出してくれる。

夕方5時頃、またカマダ先生が来てゴハンやって外に出して散歩させてくれて。

夜10時頃、同じ集合住宅に住む隣人ミヤワキさんが、クレイマーを連れ出してくれる。

そして後は、ずっと動物たちだけ「よにん」で暮らす。

1月15日

家に帰ったら、クレイマーが「帰還した兵士と愛犬」みたいに飛びついてきた。

「あいたかったあいたかったあいたかったあいたかった」とクレイマーが抱きついてきたから、私も「どこいってたの、I love you, I miss you」と、アラレもないことを口走りながらくんずほぐれつしていると、チトーがそばまで来て、私が手を伸ばすと、ぴょんと跳んで遠ざかり、また近寄り、また手を伸ばすと、またぴょんと跳んで遠ざかりをくり返した。

留守の間、ぬいぐるみがひとつ惨殺されていた。あとは被害なし。

世話を頼むのは今回が初めてだったウエキさん、私より少し年上の女性である。

クレイマーはウエキさんが好きで、表で会うと、いつもなつっこく股の間にもぐりこんでいくのに、今回、留守の間は、散歩なんてとんでもなく、おしっこするだけだったそうだ。いつも頼んでいるミヤワキさんにはすっかり馴れている。よく歩いたし、いっしょに走りもしたそうだ。チトーも近づいてきて、手からおやつを食べたそうだ。

月末にまた2日間の上京の予定がある。2月はどこにもいかない。

1月17日

ソファが届いた。お正月、なんだか侘《わび》しくなって、衝動的に注文したやつだ。安物である。すぐ壊されても惜しくないように、驚くほどの安物である。低いから乗りやすい、両側の肘掛けは角度がカクカクと変えられて、立てればクレイマーの枕になるし、伸ばせば私だって脚を伸ばして横になれる。

置いたら、さっそくクレイマーが、遠慮なしに新品のソファに飛び乗り、のびのびと手足を伸ばしてながながと寝そべった。

ひとり用の肘掛け椅子にも、このたび、座面サイズにぴったりの代用クッションを買い込んだ。すわり心地はけっしてよくないが、犬や猫が寝るにはいい。

チトーの破壊力はものすごい。壊され破られ噛《か》みちぎられたざぶとん、クッション、ぬいぐるみ、犬ベッド、猫ベッド、人間用のベッドカバー、枕カバー、スリッパ……。供養塔かなんか建てたいくらいだ。

ソファか肘掛け椅子か、どっちかにすわって、同じくすわっているクレイマーをなでていると、チトーが自分もなでろと近寄ってくる。手を伸ばすとぴょんと跳びすさる。

1月20日

チトーはこの頃、ますます背中かきかきが好きになった。ちょっと前から、仕事していると足元にいるなあと気がついていた。手がやっと届くような届かないような、絶妙な距離のところにただ立っている。手を伸ばすとさっと身をかわすときもある。そのままのときもある。それで、逃げないとき、手が届くかぎり、私はチトーの背中をかきかきするようになった。それが快感らしくてときどき来る。リビングにいても、ソファに私がすわっていれば、かきかきしてくれと寄ってくる。

背中をかかれる。自然界では知ることのなかった快感だ。どうやって覚えたのか。猫たち、とくにメイが大好きで、ときどきかきかきされに来て、伸びをしながら背中をさし出す。それで習ったのかもしれない。

1月29日

上京から帰る。一泊だったが、クレイマーの「帰還した兵士と愛犬」（よくYouTubeにあがっている）的なパフォーマンスは同じだった。チトーは騒ぎに乗じてかきかきされようと寄ってきて、私が手を伸ばすと逃げ、また戻ってきて、今度はちゃんとかきかきされた。

2月2日

2月はずっと熊本にいる（つもり）。そして毎日同じ生活をする（つもり）。

朝起きて、クレイマーは庭に面したガラス戸から外に出て排泄《はいせつ》、帰ってきたらごほうびに牛乳、チトーもお相伴。みんなゴハン食べて、クレイマーは外に短い散歩と排泄。帰ってきたらごほうびに牛乳、チトーもお相伴。夕方、長い散歩に出て、帰ってきたらごほうびに牛乳、チトーもお相伴。みんなゴハンを食べて、猫たちは猫じゃらしで遊んで。夜更け、クレイマーが深夜の散歩に出て、帰ってきたらごほうびに牛乳、チトーもお相伴。ときどき私がみんなを置いて、歯医者とか買い物とかの用足しに行く。帰るとクレイマーが玄関先まで出迎えてくれる。猫も来る。チトーが来てくれることがある。……そんな生活だ。

　用足しや買い物は、以前は、暑くないかぎり、つねにクレイマーがいっしょだったが、この頃私はひとりで行く。クレイマーを置いていく方が、家に残るチトーが安心するからだ。私がクレイマーと出かけようというとき、忘れ物か何かで私だけ戻ってきたりすると、もうチトーは隠れて出てこない。

　クレイマーと散歩から戻ると、チトーは、「まってましたあ」といわんばかりに、玄関のドアから身を乗り出さんばかりにし

チトーもお相伴

て、クレイマーを出迎える。

朝、クレイマーを庭に出すときは、ガラス戸越しにクレイマーの姿が見えるから、チトーは怯えずに、私に話しかけてきたり、猫にちょっかい出したりできるのだった。つまりチトーにとって、クレイマーがいないと、この家に存在する理由そのものがなくなってしまうらしい。数か月前、カマダ先生にクレイマーを預けて、家の中にチトーだけになったとき、それをいやというほど思い知らされた。

それ以来クレイマーを預けてないし、用足しに行くにも、クレイマーは連れずに行く。それにクレイマーも、車に乗り込むのは好きだが、車の中で待っているのはたいして好きじゃないのだ。

2月18日

三回目のコロナワクチン接種。接種券が来たときには、もうかかりつけ医は予約が取れなくなっていて、不承不承、知らない病院に予約をしたのだった。そしたら今日かかりつけ医から電話が入り、キャンセルが出ましたよ、と。それで喜んで接種されに行った。

一回目二回目は、多少の発熱があったが、たいしたことなかった。それで三回目も同じようになるかと思っていたのだが、とんでもなかった。

午後の4時半に注射を打った。12時間後の明け方、寒くて目が覚めて、熱があるのに気づいた。それから丸一日、39度台の熱が引かなかった。私はベッドで眠りつづけたのだが、ときどき目を覚ますと、クレイマーがいつもそばにいてくれた。ハチ公もかくやと思うほどの忠犬だった。

しかし、どんな忠犬でも排泄はする。私は39度の熱を押して、クレイマーを連れて外に出た。

うちの前の道を渡ったところが土手であり、その向こうは人の入らない広い野原だ。そしてそこがクレイマーのトイレだ。そこまで連れていって放すと、広い野原の好きなところでうんちしてくる。そして私に向かってまっしぐらに戻ってくる。私はがたがた震えながら待っていて連れ帰った。散歩もへったくれもなかった。

午後、四階のミヤワキさんからＬＩＮＥが入ったので、「ちょうどよかった、クレイマーを散歩に連れていってくれませんか」と頼んだ。仕事帰りに寄ってくれたのが5時過ぎ。おしっこもうんちもたまっているはずだし、相手はよく知ってるミヤワキさんだから、と思ったが、クレイマーは私のそばを動かなかった。もうこうなると、忠犬なんだか頑固なんだかわからない。しかたがない、私はまたがたがた震えながらクレイマーを連れて外に行き、排泄させてベッドに戻ったのだった。

クレイマーが私のそばから動かないから、チトーも動かない。猫たちも動かない。つまり私の部屋の私のベッドの周りに、犬二匹と猫二匹がずっと寝ていた一日だった。24時間経《た》ったら、魔法のように副反応は消えた。

2月28日

2月が終わる。予定どおり、私はずっと家にいた。1月に考えていたのは、2月はずっと家にいるから、チトーにリードをつけようということ。2月が終わろうという今、リードはもちろんついていないし、できることも前と変わってない。いったい何をしていたのだろう、私は。


もうここ数か月変わってないことに、夜寝る前のベッドでのいっときがある。

それまで犬たちは私のベッドの上にのうのうとしているのだが、私がベッドに入ろうとして、ベッドカバーをはがしたり、枕元の電気を点《つ》けたりし始めると、まずクレイマーが、そしてチトーも、さっと退いてリビングに移っていく。ところが私がベッドに入ると、チトーだけ戻ってきて、私の上にどしんと乗る。これが毎夜の楽しみだ。

枕元にチトー用おやつが密閉容器に入れて置いてある。クレイマーはきらいだがチトーは好きというおやつをわざわざ買ってある。それを出すとチトーがにじり寄ってくる。いつからか。だいぶ前、チトーがこのベッドを自分の寝場所と決めた頃から、そうだったかもしれない。

最初はにじり寄ってきて手から食べるだけだった。しばらくしたら、私の腕とチトーの口で「噛みつきごっこ」をするようになった。これはやがて、痛くなりすぎてやめてしまった。仔犬《こいぬ》の歯はそもそも痛いものだし、チトーは加減を知らないからさらに痛かった。今もたまにやるが、チトーの歯も口も大きくなったのに、前ほど痛くない。

それからおやつを手の中に隠して、「どっちだ」遊びをするようになった。鼻は利くはずなのにあまり当たらない。でも私の手を開きたくて、湿った鼻と、さらに湿った口を使って、ぐいぐいべちゃべちゃ攻めてくるチトーと遊ぶのは楽しくてたまらなかった。

それから白雪姫ごっこもするようになった。私がおやつを口にくわえて目を閉じると、固いヒゲの生えた、ふかふかした、むちむちした、生温かくて湿ったものが近づいてきて、そうっとくわえて遠ざかる。その感覚は毎回すばらしかった。

私も少しずつ大胆になり、やがて手を出して、最初はちょっとでも動くとぱっと逃げられていたが、耳の裏かきかき、眼球ぐりぐりなで、背中かきかき、あごのつけ根かきかき、腋《わき》の下かきかき等々、チトーの大好きスポットを次々に見つけ出し、やがてかきかきのついでに首輪にちょいとさわり、首輪の下に指を入れ、リードにつなぐ輪っかをつかんで、ちょいとひっぱったりもしてみるようになった。そしてチトーはまったくされるがまま、てなことに相成った。

それで思わないわけはない。今の今これをつかめば、と。

つかんだとたんに、チトーからは全力の抵抗があるだろうが、人間の大きさと強さと精神力で、がちゃっとリードをつけてしまえばいい。きっとできる。そう思うが、ほんとに毎夜、チトーと遊ぶたびにそう思うのだが、それができない。なんでその一歩が出ないかと、我ながらもどかしい。

それには理由があるのだ。

私がぐっと力を入れたとたん、チトーは、怯え、暴れ、逃げ、おしっこを振りまき、うんちをチビるだろう、このベッドの上に。そのうんちが、恐怖の脱糞で、腸の奥からしぼり出されてくるやつだから、やわらかく、粘っこく、そしていつものうんちとニオイが違う。

まずそれがいやだった。すいません。つまらない理由で。ビニールシートでも敷いておけばいいのだが、なかなか敷く気になれない。やはり、寝るためのベッドなんで。

それからもうひとつ、思い当たる理由がある。

以前、手荒なことを、チトーを捕まえたり、抱くというより羽交い締めにしたりしたとき、チトーが私の腕の中でまったく無表情になってしまった。私は、あの表情を見たくないのだった。

ここにいるのはワタシではない、ワタシはどこにもいないという顔をしていた。

目を見開いて、しかし何も「見る」ことをしないで、ただ固まっていた。

それは、愛情をこめて抱いていればいつかほぐれるというようなものじゃないのだった。ほぐれるのは敵（私）がいなくなったときだ。そしたら瞬時に動いて一目散に逃げるのだ。何度も、そんな野生動物の動画を見たことがある。

私は、あの表情を見たくないのだった。

昔、ああいう表情を何度も見たことがあるからだ。

私の娘だ。

幼い頃から人前で何かするのが苦手で、すぐに固まってしまう子だった。保育園の運動会でも固まっていたし、学芸会は、練習のときに固まっていたので、先生たちが固まらずに済む役割を与えてくれた。水泳教室も初日にプールサイドで固まっていたし、ピアノを習い始めて初めてのコンクールでも固まって、3分間、幕の後ろからだれも出てこないのを私は客席で見ていた。あわてて舞台裏に行くと、娘が先生に抱きしめられ、「よか、よか」と言われながら、ここにいるのはワタシではない、ワタシはどこにもいないという顔をしていた。あの表情だ。

その後小学校に入ってだいぶよくなったが、五年生のときにアメリカに連れていったら、またそうなった。

クラスの中でも、アイスクリーム屋の前でも、そうなった。学校でキャンプに行ったとき、フリーズしたから迎えに来てくれと先生から連絡があり、2時間かけてキャンプ先まで行ってみたら、キャンプ場の真ん中で、娘がフリーズしていた。連れて帰り、しばらく放っておいたら動き始め、フリーズなんかなかったように元どおりの快活で活発な子どもに戻った（でも記憶はしっかり残っていると思う）。フリーズと呼んでいたが、動物が仮死状態になるみたいなものだったのかもしれない。チトーが私の腕の中で、見えているけど何も見ない、聞こえているけど何も聞かない状態になるみたいに。

ここにいるのはワタシではない、ワタシはどこにもいない。

私はそれを思い出したくないんだと思う。娘をそういう状態にひきずりこんだことを悔いているんだと思う。娘にそういうDNAを引き継いでしまったことも、悔いたってしょうがないけど、気の毒でたまらない。しかたがないとは思っている。人生にはその選択しかできないという選択がある。いつもそういう選択の結果だった。

クレイマーはカリフォルニアにいたときの訓練士がきらいだった。訓練士その人はすごくいい人で、（ヒトの女から見たら）ものすごくいい男だった。でもクレイマーは施設から引き取られてきたばかりで、人間全般、ないしは世間一般に、トラウマがあったようだ。彼に連れられて歩き始めると、しばらくはいやいや従うが、やがて動かなくなり、立ち止まってただ私の方を見ていたり、すわりこんで頭を地面につけて「オシマイ」ポーズを取ったりした。訓練士（いい男）は無理をしなかった。私も無理をしなかった。私は、クレイマーには「無理しない」がかんたんにできたのに、人間である娘には（クレイマーの訓練より十何年も前の話だが）「無理しない」を選ぶのも、ほんとうに怖かった。無理をさせたわけじゃないんだが、積極的に「無理しない」を選べるようになるまで、いろんな焦りや失望に慣れ、いろんな覚悟を決めなくちゃならなくて、何年もかかった。

3月2日

チトーが1歳。といってもなにしろ野犬につき、いつ生まれたのかわからない。私が引き取ってきたのが3月2日。これはよく覚えている。「もう2週間、このケージの中で垂れ流しです」と保健所の人が言っていたのも覚えている。逆算すると2月半ばに生後2か月くらいで捕まった、ということは、12月半ばから終わり頃に生まれたんじゃないかなと思う。でもよくわからない。だから結婚記念日みたいに、チトーが来た記念日を毎年祝うことにした。

9 すべての計画はファンタジー

苦節1年と1か月。チトーはいまだにビビりで、ちょっとした音や動きにビクッとするし、逃げ惑うし、リードもつけられなくて外にも行かれないんですが、穏やかなときは、かきかきしてくれとねだったり、私の手を噛《か》んだり足をつついたり、頭を私の膝に乗せてみたり、べったり寄りかかってきたり、寝るときだって、傍若無人な3歳児のように私の上に飛び乗ってきて、実は私は、もうずっとこのままでもいいんじゃないかと思っているのです。

心配の種だった今夏の3か月間のドイツ行きは、ウクライナ情勢が不安定すぎてまだチケットも買ってないのですが、学生をひとり住み込みのバイトとして雇うことになり、なんとかなりそうな気配です。

それで、この頃考えているのが老後ですよ。

いえ、すでに老後なんですが。

クレイマーを飼い始めたとき私は60歳でした。もういちどシェパードを飼いたいと思っていました。今を逃すと飼えなくなると真剣に考えていたのです。

前の犬のタケが14歳で死んだとき、その老いて弱った体を持ち上げるのがほんとうにたいへんだったんです。タケは庭でしていたトイレが間に合わなくなり、でも習性もあり習慣もあり、家の中ではしたくないと必死でもがくんですが、間に合わずぶちまけてしまって、犬ながらたいへんしょげる。それを助けて庭に連れていったり、あるいは発作を起こした体を運んだり、とにかく体力と膂力《りょりょく》が要ったのでした。

60歳で飼い始めれば、犬が14歳になったとき、こっちは74歳。周囲の70代後半の人々を見てまして、まだまだ工夫すれば（人の手を借りることになっても）イケるんじゃないかと考えたわけです。

私より30歳近く年上だった夫が老いて弱って、病院を出たり入ったりしていた頃でした。実はかなりの犬嫌い。私にひきずられて犬を飼う羽目になり、犬を飼う家庭に住んでいただけで、犬とはほぼ没交渉。ところが夫に「ジャーマン・シェパードをもういちど飼いたい」と言ったら「ＯＫ」と即答されて、驚いたのなんの。後で「まさかＯＫするとは思わなかったろう」とからかわれましたが、今から思えば、あのとき、夫も、なんとなく死期をさとっていたんじゃないかと思うんです。
それでジャーマン・シェパード。

できることなら保護犬をと思っていました。カリフォルニアのその辺りには、ジャーマン・シェパード救済センターがいくつもありました。海軍や海兵隊の大きな基地があるからだと思います。今どき、軍用犬にはベルジアン・シェパード・マリノアがよく使われますが、もちろん伝統的にはジャーマン・シェパード。そしてジャーマン・シェパードはピットブルなんかとともに危険犬種に指定されることもあるくらい、いやがられる、捨てられる、持て余されることの多い犬種なんだそうです。

各ジャーマン・シェパード救済センターのサイトを見ているうちに、私は、ちょうど熊本県の動物愛護センターのサイトでチトーを見つけたように、一匹の若い犬を見つけた。

「クレイマー。推定7か月。ひどくシャイで、あまり馴《な》れていません。センターにいる一匹の犬とは遊べますが、他のおおぜいの犬たちとは遊べません。犬パーク、犬ビーチは無理でしょう。基本のしつけはよくできます」などと。

あまり家庭犬に向かないようなことも書いてあったんですが、タケもまたそういう性格でした。そしてその性格こそ、うちの人間たちがみな持っているもので、同じ賢くても底抜けに明るいレトリバーや、しゃかしゃか働くボーダーコリーじゃなくて、ジャーマン・シェパードと思ったひとつの理由だったものですから。

　それでさっそく申し込んで電話でやりとりして、写真がさらに送られてきて、その中の一枚がお風呂に入ってるところで、5、6か月の仔犬《こいぬ》が泡まみれになってバスタブに両手かけて「タスケテ」と言わんばかりのカメラ目線の写真。私の胸はきゅんきゅんし、こっちからは、言われるままに、家の内外、とくに塀や門、ドアのようす、庭のようす、つまり犬が逃げないようになっているかどうか、克明に写真を撮って送りました。担当の人が「本来ならば見に行くのですが、遠方なのでやむなく写真で間に合わすんです」と言っていました。飼えなくなったときにどうするか、以前に飼えなくなって放棄したことはあるか等も聞かれました。

　写真審査は通りまして、次に私は、先住犬のパピヨンのニコと近くに住むバックアップ要員の次女夫婦もいっしょに、会いに行きました。ほんとにシャイで、目も合わせない少年犬でした。でも、ニコとも娘たちとも相性

は悪くないと見極めました。いったん帰って考え、次の日心を決めて、また片道1時間半の道のりを、私ひとりで迎えに行ったわけです。引き取り賃は1歳未満の仔犬につき400ドル（成犬は200ドルくらいだったと思います）、それに寄付金も上載せして、900ドル払ってきました。

この犬はなかなか馴れませんよと救済センターの人にさんざん脅かされましたが、1週間も経《た》たないうちに「うちの犬」になりました。救済センターの人たちは、人より犬とつきあいやすいような、人づきあいはぎこちなさそうな、つまりとてもいい人たちで、毎日犬たちを外に連れ出し、しつけも施し、精一杯の世話をしてくれていましたが、クレイマーのおしっこの間隔がいやに長いのは、施設生活の名残《なごり》かと思われました。

その後、半年経った頃に夫が死にました。次女夫婦が二階に引っ越してきて、彼らも犬を飼い始め、やがて私には日本から3年契約の仕事が入り、日本に帰ることになり、ほんとに人生、一寸先は闇でして。

「ニコちょっと待っててね、必ず迎えにくるからね」ということで、ニコは次女たちに任せて、クレイマーだけ連れて帰ってきたわけです。2年目が終わる直前、あと1年でニコも連れてこられると考えて、検疫のための検査をし始めました。そしたらコロナ禍勃発。くり返しますが、人生、まったく一寸先に何が起こるかわかりゃしません。

私は（私だけじゃなく人間はみな）家にこもり、こんな生活なら、犬だろうが猫だろうが、馬や山羊《やぎ》だろうが、何匹いても大丈夫と考えるようになり、なんとなくティラーとメイが加わり、出来心に近い感じでチトーが加わったわけです。そのとき私は65歳。人生、ほんとに、一寸先に何があるかわかりゃしませんのです。

ところが老いというのはちゃくちゃくと忍び寄ってくる。

65を過ぎたころから、気がつき始めたのが、人間は老いて病んで死ぬという事実でした。親の世代が老いて死ぬことにはもう慣れっこになり、ある程度の覚悟も諦観もできた。でも同世代が、今や、あの人この人と、老いて病んでいるのでした。人は、これまで生きてきたのと同じように、これからもずっと元気で、同じように活動しながら生きていくだろうと思っていたのに、もしかしたらそうならないことがわかってくる。いつか死ぬ、そう思っていたつもりでしたが、いつまでも生きると、なんとなく思っていました。老いとか死とかは、遠い未来の、タイムマシンのような、あえかなファンタジーでありました。

ところが現実には、死なないまでも、病にかかる。できていたことができなくなる。犬の散歩などという日常の行動もおぼつかなくなる。その先には死がある。犬の散歩も、猫の餌やりも、なでてかわいがることさえもできなくなる。

私自身がどうかなったときのバックアップ要員と思っていた人たちも、今、次々に病気になり、後を頼めなくなっていきます。さて私自身は――。

前からプランはありました。

万が一、私に何かあったら、娘たちがアメリカからやって来て、家を処分し、植物をなんとかし（懇意のカフェに無理やり引き取ってもらう、という方法を考えていました）、クレイマーをアメリカに連れていく。

末っ子が「クレイマー、任せといて」と言ってくれたし、猫が加わったときには、長女が「任せといて」と言ってくれた。さいわい娘たちはみんな動物好きで、犬一匹くらい増えても大丈夫な環境にある。……とここまでは考えていたのですが。

チトーに出会ったとき、私は65歳だったんですが、保健所のスタッフに「万が一のときは娘が引き取ってくれます」と説明したら了承してもらえました。もちろん娘たちは「任せといて」と言ってくれますが、チトー、今の状態で、いったいだれが、この犬を、移送のためのケージに入れることができるのかと考えると、すべての計画は、ファンタジーの域を出ません。チトーが馴れるくらいまでは私は大丈夫だろうと、無理やり思おうとしているんですが、それだって、実はファンタジーの域を出ません。

3月3日

めずらしく、ほんとにめずらしく（二回目かもしれない）チトーとメイが真剣な喧嘩《けんか》をしていた。

一回目は数週間前、チトーとテイラーの間で一触即発的な喧嘩直前状態があった。そのときはテイラーの声でわかった。おなかの底から出す低音で、Ｍ音やＮ音にいちいち濁点をうって、揺すり鳴く声だった。チトーは無言だったが、私が見たことのないような、不穏で攻撃的な表情だった。

そのときより今日の方が、噛《か》みつきも、襲いかかりもしていたから、より危機的。

思わず割って入ろうと立ち上がったとき、ふたりは離れた。チトーの口が白い毛だらけになっていた。メイをたんねんに調べてみたが、どこをむしり取られたのかわからなかった。

3月5日

午前中にクレイマーのかゆみ止めの薬をもらいにタカタ動物病院。クレイマー、体重増えた。タカタ先生が、飼い主もさわれない柴犬《しばいぬ》を薬でおとなしくさせて連れてきていろいろ治療したという話をして、「薬、効きますよ、やってみますか、ちょっと足してやる感じで」と提案した。それでもらってきた。アナフラニール10ミリグラム錠。

午後、仕事で遠出。愛犬教室のカマダ先生が来てくれた。

「チトーちゃんも太りましたね」と言われて、まるで我が事を言われたみたいに、がちょーんとなった。「チトーちゃんは外に出ないから、しかたがないけど」と先生はフォローしてくれたけど。

チトーは吠《ほ》えながら先生のそばを通り過ぎていったり、警戒してるのにソファから逃げなかったり、1メートルくらいのところまで近づいてきたりしている。

二回しか発情していない若犬を太らせてしまったというのはちょっとショックだ。そういえばこの間、上から見たチトーの図を描いたが、胴回りが寸胴だった。アメリカの動物病院の診察室に必ず貼ってある「やや太りすぎ」の犬猫の寸胴の図に近いということに気がついた。

3月6日

悩み煩うことが多くて、私はここのところかなり落ち込んでいたのだが、昨日、高速道路をすっ飛ばしたのと（軽なのでたいしたスピードは出しません）、ふだん見ない福岡の美しい湾岸風景を見て感動したのと、チトーが太ったと気づいたのとで、だいぶ改善した。

チトーは今日も口を毛だらけにしていた。こないだメイと喧嘩したとき、メイの毛をむしり取ったのかと思ってぞうっとしたが、換毛《かんもう》期なのかもしれない。今日はたんなる遊びで、取っ組み合いの相手はまたメイだ。ティラーは猫じゃらしと遊んでいるときの集中度がハンパなく、そこにチトーが来て足だのしっぽだの噛みついてくるから、ただただうっとうしがっているようだ。

今（深夜2時半）、コンビニにコピーしに行った。帰って、車を駐車場に入れたら、家の中でチトーがわんわん吠えているのが聞こえた。車の音を聞きつけて、不審者が来ると思ってみんなを（メイとかティラーとか）守ってくれていたようだが、近所迷惑なのだった。クレイマーは車の音で私がわかるから、ドアを開けるや、ただのっそりと、しっぽだけぐるぐる振って出てきてくれた。

3月10日

この頃チトーが何も破壊してないことに、ふと気がついた。暮れに買ってきて敷いてある安ラグもまだ無事だし、壊されたクッションを捨てて激安クッションを当座しのぎに置いてある肘掛け椅子も、靴もスリッパも、何も壊されていない。お正月明けに買った安ソファも、ちょっとはしっこが食われているだけで、どこも壊れていないのである。

3月12日

仕事机にすわったままチトーをかきかきしていると、メイが来て、自分にもやれとぐいぐい押してきた。だからメイをかきかきすると、チトーがおずおずと鼻面を押しつけてきた。でもチトーは、かきかきしようとすると、すっと逃げてしばらくしてまた来た。メイはそのすきにいっぱいかかれた。

3月13日

チトーが何も壊さなくなったと言ったばかりだった。

ああいうのはフラグと言って立てちゃいけないものなのだ。長い散歩から帰ったら、靴をやられていた。玄関の靴脱ぎの前にチトー除けのフェンスが立ててある。この頃つい気持ちが緩んで開けっぱなしだった。かじられて、部分的にボロボロになっているだけで、まだはける。

クレイマーをなでていたら（換毛中）、チトーがそばにくるので上からさわろうとするとツイと逃げた。それで下から手を伸ばしてあごをさわった。あごから頭に行って、そこから背中をなでてやるうちに、「アレ、この感じ知ってる」みたいな顔をして私を見つめてきた。

母犬の舌を思い出したのかもしれない。だんだん背中からしっぽのつけ根にかきかきの手を移動させていくと、ちゃんと心をこめてやってもらいたいと言わんばかりに向きを変えた。母犬の思い出が、まだ知らないが方向性は知っているという、性的な快感に近づいていくような瞬間だった。その間、メイが、自分も自分もと割り込んできたから、表敬訪問として、クレイマー、メイ、チトー、メイ、クレイマー、チトーとわたりあるいた。全員換毛中であった。その間、テイラーはどこかにいるのだった。

別のとき。チトーがメイに襲いかかり、押さえ込み、寝技に持ち込んでいった。テイラーなら逃げられるのにメイだから逃げられないのかなあと思って見ていたら、なんだか、ハイハイハイハイハイという感じで押さえ込まれていて、ときどきチトーの頬のへんを噛んだりしていた。余裕だった。で、そのときも、テイラーはどこかにいるのだった。

3月14日

今、チトーと（そしてメイと）テニスボールで遊んだような気がする。ボールが来るとつかもうとした。まだ怖いが、とっても楽しい。私がボールを拾って、仕事場の方に歩いていったら、チトーは跳ねて追ってきて、私のかかとを、犬みたいにちょこちょこと噛んだ。

そういうときクレイマーはただまったりとソファにすわっているので、いつもクレイマーと同じことをせずにはいられないチトーは、クレイマーをちらちら見ながら、えーと、アソブ？　ボール？　いいのかな？　えーと、ボールでアソブ？　と考えながら、つい跳ねてしまうのだった。

このところ私が気をつけてやっているのは、チトーを驚かすことだ。跳ね上がってしっぽまいて逃げたっていいと思っている。チトーはまた戻ってくる。その信頼がある。猫たちと遊ぶとき、チトーは必ず加わってくるのだが、猫じゃらしをわざわざチトーの背中にあてて驚かす。立ち上がるときはわざわざ音を立てて驚かし、よっこらしょとか言って驚かす。前はなるべく音をたてずに、安心させよう、なじませようとしていたのだ。今は反対に、音がすることになじませようとしている。ビクッとするのを見るのはいやなものだ。それでもやる。大丈夫という信頼がある。

3月15日

チトー、大暴れして遊んでいる。私のところに来たり、向こうに行ったりまた来たり。こういうときにふと思い出すのだ、1年ちょっと前に保健所のHPで見た、それで興味をひかれた、あの仔犬のすさんだ表情を。

3月18日

このところ悩みや煩いが重なって、心の複合骨折みたいな状態の私だったが、チトーのすわっているソファにすわったら、チトーは急いでどいたが、また上がってきて、私の隣に飼い犬みたいにすわったので、なでて、かきかきもして、またなでて、しばらくそうやっていて、だいぶ複合骨折した心の手当ができた。

3月19日

今日はチトー、隣にすわってくれない。三寒四温というか三歩進んで二歩下がるというか……。

3月21日

昨夜、寝入る前、もうろうとしながら、ああだれかがうんちした、このニオイは、チトーじゃなくて猫だなあと考えていた。今朝起きて、トイレを見たら、何にもない（だれかが食べた)。

この頃チトー、ものを壊しもしなくなったが、猫うんちで遊ばなくもなったなあと考えていた矢先のことだ。

3月27日

私がお風呂に入るとかならず安否をチェックしに来る猫たちが来ないので、メイ、テイラー、と呼んだら、とたたたたと猫じゃない足音がして、ドアの手前で、「ああああ、おおおおお」と遠吠えして帰っていった。

チトーはゴハンの前にも、短い遠吠えをして催促する。クレイマーと私が散歩から帰ったときにも、おどりながら、「あおおおお、あおおおお」と遠吠えして喜ぶ。

10 笑って、跳ねて、走って、誘って

比呂美さん、犬たちや猫たちと暮らすことで、どんなふうに癒やされてますかと、ときどき聞かれます。

癒やされ、はて、癒やされ、と考えて、ぜったいどこかに癒やされポイントがあるはずだとは思うんですが、たいへんだということばかり思い当たるんです。

なにしろ、朝起きたらすぐにおしっこの始末にうんちの始末。四匹、性格も排泄《はいせつ》のしかたもいろいろです。

外に連れ出さないとしないやつに、家の中でしかしないやつ。ちゃんとトイレにするやつ。しないやつ。するけど砂を散らかすやつ。シートのまわりにおしっこをこぼすやつ。ひとのうんちを食べるやつ。外から帰るとかならず牛乳を飲みたいやつ。外に行かないのに牛乳牛乳とさわぐやつ。

ひとしきりすると今度はゴハンで、パウチや缶を開けるやいなや、台所のカウンターに乗ってきて食べ始めるやつ。呼んでも来ないので、抱っこして連れていかねばならないやつ。ゴハン舞をおどるやつ。ゴハン舞をおどるやつにつられていっしょにおどるやつ。スワレとフセをしてちゃんと待てるやつ。おしりがすぐ浮いちゃってなかなか待てないが、がんばってやっとスワレをするやつ。

日中はやや静かです。みんな寝ている。何回かクレイマーをおしっこに外に出すくらい（そして牛乳）。

で、夕方から夜にかけてまた忙しくなりまして。クレイマーの長い散歩の前後に、朝と同様のおしっことうんちとゴハンの狂騒《きょうそう》があり、そして夜になると、仕事している私のところにやって来て、あそべあそべ攻勢が始まるんですが、これもまた、それぞれ表現のしかたが違うわけ。

黙って近づいていきなりぐいぐい頭で私の利き手を押してくるやつ（なでろ、ないしは背中をかけ）。目を見開いてじっと見つめて口を三角に開けて「にゃー」と鳴いて、爪を立てたり噛《か》みついたりもするやつ（猫じゃらしであそべ）。椅子に手をかけて鼻で突っついてくるのに、振り向くと逃げるやつ（なんかくれ）。

クレイマーだけは何にもしません。

カリフォルニアにいたときは、クレイマーも若くて、他の犬たちと競うようにボールや犬用ロープを追いかけたりしてました。でも日本に帰ってきたら、クレイマー、ひとりっきりになったのと成犬になって落ち着いたのとで、遊ばなくなりました。一日に数回外におしっこに行く。二回、長い散歩をする。それだけ。でも散歩に行けば、だれもいないところに行って追いかけっこをする。草の上や川べりにすわって、私の膝に頭を乗せてまったりする。これがお約束です。

猫相手には猫じゃらしで遊びます。それにチトーもからんできます。それが一日に二、三回。

朝と晩に、猫はカリカリのドライフードにパウチや缶詰。犬はドライフードと肉のおかず。おかずの基本はチキンの胸肉のロースト。全体にオリーブ油を塗って中火で40～45分焼くんですが、出来がどうでも、だれも文句を言いません。ときどき鶏レバーをゆでると、猫も犬も喜びます。でもクレイマーは食べすぎるとおなかを壊します。

問題は、しめきりや病気で私が動けないとき。

カリフォルニアにいた頃は、娘に頼むことができた。日本に来てからも、愛犬教室のカマダ先生に預けることができた。ところがチトーが来てからは預けられなくなりました。クレイマーがいなくなると、チトーが怯《おび》えるからです。そして猫たちはもともと家から動きません。

つまり私は、仕事で出かける以外はずっと家にいて、家にいるかぎりは、おしっこ・うんち・ゴハン・あそべのすべて×4をひとりでやってることになる。そしてそれに加えてエサ類の買い出し、獣医通い。

クレイマーはアレルギー持ちで、予防接種やフィラリアの検査等もあり、自分の医者にはめんどくさがってなかなか行かないのに、獣医には熱心に通う私であります。

雨の日は、クレイマーも歩きたがらないので、私もほっと息を吐きます。いやはや、ワンオペの年寄りの多頭飼いのたいへんさが骨身にしみる。

で、癒やされ。

そう、癒やされ。

いなくなった人間の家族たちにしていたような他人の世話。する必要がなくなって、ああ楽だ楽だと思ったのはほんとのことです。でもその舌の根が乾かぬうちに、世話の必要なものたちをわざわざ集めて、浮世の義理みたいなものを人工的につくり上げて、情で自分をがんじがらめにして、必死で世話しているのはなぜか。自分が、この浮世にどうにかこうにかひっかかって、生き抜くためなんではないか。

4月4日

チトーに木でできた猫のおもちゃを噛み壊された。大昔、ポーランドで買ってきたものだ。大切にしていたのだ。これはちょっと心が痛い。手の届かないところに置いてあったのだが、メイあたりが、ちょちょいと器用に落としたところを、マッテマシタとチトーがくわえ取ったんじゃないかと思う。

耳と足と目が、片方ずつ、なくなっていた。こういう猫もいるなと思って、メイにも手の届かない、ガラスケースの中に置いた。

4月6日

獣医のタカタ先生から処方されたチトー用の抗不安剤、半信半疑でやっていたのだが、こないだ愛犬教室のカマダ先生から、「お薬、効いてますよ、チトーちゃんの表情はやわらかくなったし、逃げないでそこにいるし」と言われてうれしくなり、もう2週間分もらってきた。

クレイマーは、アレルギーの薬もフィラリアの薬も、クリームチーズにつつんでやれば、問題なくぺろっと食べる。それでチトーにも同じようにチーズ玉でやっていた。最初は喜んで食べていた。ところが2、3日前から急にいやがるようになった。

疑り深そうにチーズ玉をくわえ取り、すぐ食べず、離れたところに持っていって吟味する。ときにはそのまま食べずに残す。クレイマーが食べてしまったらだめだし、高い薬だからもったいない。そこでいろんな方法を試してみた。

チキンのローストに埋め込む。これはチーズ玉とあまり変わらない。牛肉の薄切りのかるく焼いたのに包む。食いつきはいいが、費用も手間もかかった。鶏レバーに埋め込む。これはよく食べる。でも手からやるとやはり警戒する。それでドライフードに、目立つように盛って、ゴハン時にやるようになった。

これはいい考えだった。空腹だからよく食べる。クレイマーがいつでもチーズ玉を食べるから、今まで食後や食間に薬をやっていた。朝の空腹時にやれば、相手は腹ぺこで疑っている余裕がない。

クレイマー、先に食べ終わると躊《ちゅう》躇《ちょ》なくチトーのを奪い取りに行く。だから私は、犬たちが食べている間じゅう監視を続ける。でも見ているのに気づかれてはいけない。警戒して食べなくなる。それで周到に演技して、ただのゴハンだよー的な雰囲気をかもし出しつつ、監視しているわけだ。

昔読んだなこういうのを、と思い出したのは『シートン動物記』の「かしこいコヨーテの話」。そこから名前をいただいた雌コヨーテのチトーと、猛毒ストリキニーネを塗った肉でわなを仕掛ける人間との、必死の攻防だった。

4月9日

朝っぱらからチトーが上機嫌で、カモシカのように跳びまわり、寝ている私の上にぴょーんと跳びのって（ぐえっとうめく私）、走り去り、またやって来て、ぴょーんぐえっをくり返していた。ようやく起きてみたら、リビングの床いちめんに、肘掛け椅子用クッションの表布と中身のウレタンが散り乱れていたのであったった。

そもそもこれは代替のクッション。1月に買ったばかりだった。もともとあったクッションは、だいぶ前に背当ても座面もずたずたの粉みじんにされた。ざぶとんを敷いて使っていたが、やがてサイズの合うクッションを見つけて四枚買い、背中に一枚、座面に三枚。オリジナルのクッションには及びもつかないが、それでもまあ、なんとか椅子の形になった。

やられたのはそのうちの一枚だ。惨状を見て、私は四枚すべてやられるという最悪の事態を想像して絶望しかけ、その場で、買ったサイトに行って再び注文した。今度は五枚。これだけ予備があれば、しばらくの間は安心して生きていける。

代替クッションは安物だ。クレイマーの持ち込む泥と砂と体臭ですぐべとべとのどろどろになるから、タオルケットで包んである。そのタオルケットがまた使い古しの洗いざらしでしみだらけ。肘掛け椅子の肘掛け部分も噛まれてガジガジになってるから、布をぐるぐる巻いてガムテープで留めてあったが、あんまり醜いので取り去った。肘掛け椅子の隣にこないだ買ったソファが置いてある。これまた値段どおりの安物然としたソファである。ああ、もう少しいい生活したいなあと実は毎日思っている。でもどうせチトーに壊されるかと思うと、高いお金を出す気にまったくならない。

4月12日

噛むための犬用ロープが届いた。大型犬用を買ったから、いくらでも噛める。ほらほら噛んでいいんだよとチトーに見せたところ、怖がって近寄らない。

「こっちをあんたが持ってこっちを私が持って、ひ

っぱったら楽しいよ」と言葉でも説明したが、もちろんむだだった。以前、チトーとテニスボールで遊んだことがある。でも、それはたった一度、あとにも先にも、一度しかそういうことがなかったのだ。それだけで私は舞い上がった。でもその後は遊んでくれない。私ひとりでボールを投げたり拾ったりして誘いかけても、チトーは乗ってこない。それなのに、ときどきボールをくわえてとたたたたと歩いている。と、まあ、机に向かってこんなことを書きつけていたら（たぶん後ろ姿がしぐれていたのだ）、チトーがやって来て、頭を私のふとももに乗せて、背中をかいてくれとねだり、かいてやると、よりかきやすいように、後ろを向いてすわり直した。さらにかいていると、遊びたくなったらしく、甘噛みしてきた。しかたない、立ち上がり、猫じゃらしを秘密の戸棚から（そこらに置いておくと猫たちに取られてチトーに破壊される）取り出して、リビングに行けば、チトーも猫たちも、追いかけてくるのだ。

4月14日

犬が換毛《かんもう》中。

換毛中の毛をぜんぶ集めて紡いで織れば、ナチュラルな色合いの犬臭いチョッキや毛布が何枚もできると思うが、まず、織機セットとつむを手に入れ、魔女みたいなお婆さんに紡ぎ方を教わらないと、と掃除するたびに考える。

猫も激しく換毛中。

毛根のついていそうな毛のかたまりがぼこりぼこりと落ちている。猫の毛の落ち方はすごいと猫を飼う友人に話したら、うちの猫はそんなことはないと言う。それでやっぱり、チトーが遊びで猫たちに噛みついてひきずりまわすとき、換毛中につき、ごっそり抜けるのだということがわかった。

4月15日

2日後に遠来の友人が来るので掃除しないといけないのだが、掃除以前に、片付けが進まない。この間不要品をだいぶ処分したというのに、またまた物の山ができている。その上、換毛期でいちめんが毛だらけ。

うちには地下室があって、今は本の置き場、物の置き場になっている。客用ベッドもそこにある。ドアはいつも閉めてあるから、基本、猫も犬もそこへ行くことはない。

客用のベッドは真鍮《しんちゅう》製のごついベッドである。40年以上前、最初に離婚してひとりになって、居たたまれなくて衝動買いした。黒くて、錆《さ》びてて、重たくて、いびつで、何度捨てようと思ったかわからないが、捨てられずに、まだある。

お客はこのベッドに寝る。

とりあえず金で解決しよう、新品の寝具に寝れば、多少は快適なはずと考えて、掃除を放り出してニトリに行って、新しい枕カバー、新しい毛布、新しいシーツを買ってきた。

ベッドメイクを終えて、掃除機かけながらふと見ると、猫たちが、整えたばかりのベッドをしわくちゃにして、まるで陰陽柄みたいなかたちで寝ているではないか。

4月18日

こないだ衝動買いした肘掛け椅子用代替クッション五枚が届いたのだが。今は冷静になっている。そして客観的にものを見ることができる。そして今考えるのは――代替クッション五枚。めっちゃ場所を取る。しかもいつ必要になるかわからない。もしかしたらずっと必要にならないかもしれない。

ああそうだよ、チトーが食べても食べてもなくならない量のクッションだよ（ぐりとぐらの声で）。

4月25日

クレイマーの夜の散歩、11時30分から30分ほど。帰ってきて、散歩の後の「条件」のような牛乳を、クレイマーとチトーにやったところ、チトーが飲まずにうろうろして（こんなことはついぞないのだ）、メイの後を追いかけて後ろ足のニオイをしきりに嗅いでいる。

さて、牛乳も冷蔵庫にしまい、ちくわが残っている、ちくわパーティーでもするかなと、ちくわを持っていつもの場所にすわったところ、いつもはどっと来る猫たちが来ない。チトーも来ない。

チトーはうろうろ、庭に面したガラス戸とソファの間を行ったり来たりしている。そこで気がついた。猫たちが、来ないんじゃなくて、いないのだ。ついさっきまでメイはいたが、今はいないのだ。昼間、植え替えしていて、出たり入ったりしたときに、もしかしたらきちんと閉めなかったんじゃないか。そう思って見たら、そのとおり、戸が10

センチほど、開いたまんまになっていたのだったたったった。
あわてて庭に下りたら、猫がいた。メイだった。暗闇ですうっと首を伸ばして、おそるおそるあたりのものを査定していた。「メイ」と呼ぶと（ああ、その声の、暗闇の庭になんと響いたことか）、こっちを見たが、私が立ち上がると、すっと窓の下の物陰に入り込んだ。

私は庭にすわり込んで、猫たちの名前を呼んだ。メイが顔を出した。後ろにテイラーがいた。

私が立ち上がると、メイはまた物陰にすっと入ったが、テイラーはもたもたしてたのでやすやすと捕獲。私の部屋に閉じこめて、ちゅ〜るを持って庭に取って返し、メイを呼んだら、今度は家の中に走り込んできた。弟が捕獲されて、冒険心がすぼんだようだ。というわけで一件落着。その後いつもより興奮して猫じゃらし遊びにうち興じたチトー、興奮しすぎて吐いたのだった。

しかし助かった。チトーのおかげだ。うちは車のよく通る道に面している。メイ、テイラーと呼びながら、路上に転がる彼らの死骸を想像してほんとうに怖《おそ》ろしかった。チトーが感度よく、うろうろして知らせてくれなかったら、手遅れになっていたところだった。

4月26日

夜、12時過ぎ。チトーが上機嫌で猫たちを追いかけているので、私も、鬼の饗宴《きょうえん》に加わるこぶじいさんみたいな気持ちでリビングにおどり出ていって、おしりを振ると（「あそぼう」の犬語）、チトーが入れてくれた！

私を見て、笑って、跳ねて、また跳ねて、おしり振って、しっぽ振って、走りまわって、ぱっとすわって、自信と楽しさに満ちあふれた顔で私を誘って、また跳ねて。

4月27日

朝、ゆうべの遊びを思い出して、また遊ぼうとしたが、遊ぶ気分じゃないときにいくら誘っても、ぜんぜん遊んでくれないのだった。

4月30日

もうずいぶん長いこと、私のベッドに寝るのはチトーだけだった。チトーは足元の、私の手の届かないところに寝るのだった。春になったらテイラーがベッドに来るようになった。ふたりがふとんの上でぺったりくっついて寝てるのを、朝になって見たりもした。そしてこの頃また変化があった。チトーが、私の手の届くところに寝るようになった。

私が寝入りそうになると、チトーがすっとそばに来て、眠る私のわき腹にぴったりとくっつくように自分の体を落とし込んで位置をきめる。チトーがクレイマーの体にやるのを何回も見た行為だ。パンゲア大陸の南アメリカと西アフリカの海岸線のように、体と体がぴったりと合わさるのだ。

私が手を伸ばしてチトーをなでる。チトーは動かない。で、こっちも眠気に負けて腕を落とす。チトーはそれでも動かない。いつのまにか私はチトーに腕をまきつけて抱くようなかたちで寝入る。そしてチトーもそのまま眠っている。

でもお忘れなきよう。チトー、私がベッドに横になっていないかぎりはこうではない。立ち上がればさっと逃げる。リビングではまだろくにさわれてない。

昨日のことを思い出した。午後、クレイマーを連れて外に出たら、隣の奥さんが3か月になる赤ん坊を抱いてゆらゆらしていた。

隣の奥さんは私と同世代、その娘も小さいときからよく知っている。うちの娘たちとも仲良しだった。こうして赤ん坊を寝かしつけて、そのすきに娘を寝かせてやるそうだ。眠る赤ん坊は、髪の毛がぼうぼうと生えて立っていて、足首に青いあざがあった。

「穏やかな顔してるねえ」と私が言ったら、「起きてるときはうるさいよ」と奥さんが言った。

「でもこうやって抱いてると、よく寝てくれるのよ」

　私のわき腹にはチトーがぴったりとくっついて眠っている。両足の間にはテイラーがすっぽり入り込んで眠っている。初夏になろうとしている。むしろ暑くてたまらない。

11 三大欲求が寂しさを埋める

前章は4月末のできごとをご報告しましたが、それから私たちがどうなったかと言いますと、私は以前から懸案のベルリン行きの準備に取りかかったのでありました。

ベルリンに3か月間滞在します。長いです。行く準備も、行く前に済ませていく仕事も、があっと襲いかかってき、無我夢中で暮らしているうちに、5月の終わり、住み込みのバイトを引き受けてくれた元早稲田《わせだ》生のトミーが熊本に来て、私の家で暮らし始めました。

トミー、犬も猫も初めてだということで、しばらくの間、愛犬教室のカマダ先生に毎日来てもらうことにして、まずトミーを、犬猫よりともかくトミーを、カマダ先生に訓練してもらって、犬猫と暮らすことに慣れてもらおうと考えました。

植物の世話も任せていくので（私は室内園芸のマニアであります）、それは、三階に住むエンドーさんに頼む。エンドーさんは園芸大学を出た専門家です。こちらもまずエンドーさんにトミーを任せ、植物のあれこれを教え込んでもらいつつ、トミーに慣れていってもらおうと考えていました。

トミーには、熊本楽しんでー、私の車であちこち行ってもいいからねー、保険はだれでも運転できるようにしておいたからねー、どこかに行くときはカマダ先生と四階のミヤワキさんに頼んでいくんだよーと言い置いて、各訓練の成果がまだ出ないうちに私はベルリン行きです。

6月4日の最終便で熊本を発《た》って羽田のホテルに一泊して、5日の朝にフランクフルト行きの飛行機に乗りました（ベルリン行きの直行便はありません）。

最初の数日は、カマダ先生、トミー、私でつくったLINEグループが活発でした。

トミー「クレイマーの散歩はまだトイレのときの短時間しかできてないですが、外に出る回数自体を増やそうと思います。先ほども外に出たのですが、リードを外しても、草地でトイレをして少し走って、名前を呼んだら戻ってきてくれたので、徐々に慣れていければという感じです！」

すると即座に先生が、

先生「トミーさん、リード外したい気持ちはわかりますが、万が一、相手の人や物を怪我《けが》や破損、また事故につながった場合、刑事・民事事件となりますので、リードはしっかりと握ってください」

う、これは私も以前先生に注意されたことです。

しかしトミーは、チトーなんかよりずっと訓練成績がよく、3日後にはこんなメッセージが入りました。

先生「トミーさん、上手に比呂美さんの子どもたちのお世話されてます。私の出番がないぐらいです。トミーさんの接し方は問題なく、お人柄もとてもよくて、じゅうぶんお任せできると思います。トミーさんがお世話できないときや何かあったときには駆けつけますし、電話やLINEでいつでも相談に乗りますから」

ということで、トミーは先生の手を離れました。

私が熊本にいる間、クレイマーは一切トミーと散歩に行きませんでした。私が行けば、行きました。トミーのことは嫌いじゃないけど、眼中にもないというのがほんとのところでした。

まあこれは想定内。

で、私がいなくなってからも、しばらくの間、散歩には行きませんでした。おしっこにも出ない。出てもすぐ帰るという日が続きました。

これにも実は驚きゃしません。

帰国してから、留守番中のメモを渡されましたが、そこにはこんなふうに書いてありました。

「10日まで、散歩に連れていける頻度もまばらだった。一度も散歩に出れない日もあった」

出発したのが4日だから、ほぼ1週間かかったわけです。

「10日以降、トイレには出るようになったが、一度床のトイレシートに（しかもぼくを起こしに来ておきながら、我慢せずに、ぼくの目の前で）おしっこをした」

「夜中は散歩に出てくれるようになったが、夕方は家が見えるせいか、家の方ばっかり向いてぜんぜん歩き出さない。朝の散歩に成功したのは一回きり。夜中は歩く。それ以外は車に乗せて、家が見えない距離まで運ばないと、散歩をする気にならないようだ」

困惑ぶり、奮闘ぶりがひしひしと伝わってきました。同じ頃、ＬＩＮＥにも、詩のような報告が入っておりました。

「クレイマーは、チトーと疑似セックスをするか、食べ物をねだるか、比呂美さんをさまざまな形で慕らかしてます。三大欲求が寂しさを埋め合わせるさまをぼくは目の当たりにしてます。チトーはだんだん懐いてきてます。今もぼくのニオイを嗅ぎに来ました。テイラーはおもちゃを二つ破壊しました。メイはなにごともクールです」

さまざまな形で慕うとはどんなの？ と返すと、窓から外をずっと見ている。玄関のドアの前にすわっているというか寝ている。玄関を見つめている。車の音がすると跳び上がって玄関の前で期待する。裏切られ、うなだれて、元の場所に戻ってがっくりとすわる。等々だそうで。

「最愛の人に先立たれたみたいでしたよ」


私が出かける直前に、チトーの三回目の発情が始まったのでした。まだ出血は見当たらず、クレイマーがチトーをかまうようになり、性器をなめるようになり、ときどきのしかかって交尾体勢を取るようになっていました。

クレイマー、もちろん去勢済みです。推定7か月でうちに引き取ってきたとき、すぐに去勢手術に連れていったのです。

私はこの目で見ました。

クレイマーを連れて獣医に行き、書類にいろいろ書き込み、サインして、去勢代は救済センター持ちだったけど、入院中の諸経費を支払い、クレイマーが病院の奥に連れられていくのを見た。手術そのものは見なかったが、迎えにいったときはエリザベスカラーをして出てきたのを見た（それはすぐむしり取ってしまった）。

それなのにクレイマーは勃起します。他にこれほど、勃起する去勢済み雄犬を見たことがない。

もしかしたらヤブ医者で、ちゃんと去勢しなかったのかという疑惑がちらと頭にうかんだが、そのおかげといっちゃ何ですが、今このように未避妊の若い雌犬が来て、このようにちょくちょく発情期を迎え、クレイマーは、交尾ごっこという楽しい遊びができるようになったわけです。

仕事机の前にベッドがある。私のベッドであります。犬たちは昼間、そこに寝ている。で、そのベッドは、くり返しますが、仕事机の前にあり、私はコンピュータに向かって仕事をしているのですが、ふと目を上げると、目の前で二匹が交尾の体勢を取ってるのを見る。見られると気になるようで、さっと離れる。目をそらすとまた始める。

この交尾ごっこ（トミーによれば疑似セックス）のようすがあまり楽しそうなので、もしチトーがこのまま外に出ないのなら、わざわざ避妊をすることもないかもしれないとすら考えました。

万が一獣医がヤブで、クレイマーには勃起能力どころか生殖能力も備わっていて、仔《こ》犬《いぬ》ができたらどうしようとも考えましたけど、人間だれしも間違いはある、失敗もする、いわんや犬においてをや。などと納得してそれ以上考えないのは、私にとって生殖が遠い記憶になってしまって、現実に思えないからかもしれません。

トミーの証言、続きます。

「クレイマーのチトーへの態度は、セフレへの態度のように見えた。一方チトーはそれに気づかず、愛をがんばって伝えてるような感じ」

若者の観察眼が鋭い。

うれしい楽しいだけではない関係でした。

セフレ、学生たちから教わった言葉です。セックスフレンドの略で、語尾あがりに発音するんだそうです。クラスでその言葉を使ったところ、「先生の発音は〈ちふれ〉と同じですが、ほんとうは〈デフレ〉と同じです」と指摘されたことがあります。

6月の終わり。

トミーからＬＩＮＥが入り、テレビ通話しませんかという。

で、つなげたところ、なんと画面の前にクレイマーがいました。私が思わず、ほめるとき呼ぶとき誘うとき用の甲高い声で、アイラブユー、クレイマー、アイラブユー、クレイマー（いつも言ってたんです、散歩しながら）と連呼すると、クレイマーは画面を見つめて、右に、左に、首をかしげた。ビクターの犬みたいに。

アレ？

アレ？

おかーさんだ。おかーさんの声が聞こえる。おかーさんの声は聞こえるが、おかーさんのニオイはしないし、おかーさんの顔も見えない。この四角い（画面の）中で動いているのはなんだろう？

アレ？

アレ？

もののけ姫のコダマみたいに、右に、左に、何回もかしげた。そのかしげ方が、たまらない。かわいい。愛くるしい。いえ、中年のもっさりした雄犬なんですが。でもそれ以上に、なんだろう、何といえばいいのだろう、とんでもない量の、とんでもない強さの、情感が呼び起こされるんです。私は、こんなことで泣きゃしませんが、胸がいっぱいになって、ほんとにその情感があふれ出しそうになりました。世間では、こういう感情を「泣く」というのかもしれません。

トミーからはときどき写真が送られてきました。私はくり返し見ました。知ってる知ってるというのもあれば、え、こんなことになってるのというのもありました。たとえば、河原を散歩中のクレイマー。また河原を散歩中のクレイマー。これはわかる。

テイラーがトミーの部屋（半地下にあります）のトミーのベッドの上に寝ている写真。トミーの部屋のドアの前にメイがいて、こっちを見ている写真。それからテイラーとメイが二匹とも、トミーのベッドの上に寝ている写真。これには呆《あき》れた。

トミーに聞くと、テイラーはたちまちトミーの部屋に居着いたそうです。メイはなかなか来なかったが、入り口のところでじっと見ていることが続いて、ある日ついに入ってきたそうです。そしてクレイマーは、雷が鳴った日に下に下りてきて、トミーのそばにうずくまったそうです。

「ぼくの部屋に動物たちが集まったが、チトーだけ上に取り残されてしまった。たぶん階段を下りることができないのだと思う」

写真はもっとあります。

雷雨を予感して落ち込むクレイマー。ソファの後ろに隠れるクレイマー。玄関のコートかけの後ろに隠れるクレイマー。寄り添うチトー。

トミーのメモから。

「雷雨がくる。クレイマーが挙動不審になる。それを真似《まね》てかチトーも挙動不審ぶる（たぶん怖くない）」

トミーの膝に乗りかかるようにしておやつをねだるチトーの顔の大写し。

ソファに乗って、ソファの後ろにいる猫に遊んでもらっているチトー。

草むらから出てきたクレイマー（40分間戻ってこなくて、焦ったトミーがベルリンの私にＬＩＮＥするや、のっそりと出てきた）。

トミーは友達の多い子で、遠い熊本にいたって、早稲田から後輩たちが遊びに来る。先輩も遊びに来る。熊本出身の早稲田生が帰省して遊びに来る。熊本大学の学生たちとも仲良くなる。地元のおとなたちにもつきあいができる。というわけで、みんながうちに来る。

そうやって友人たちを連れてきたとき、チトーのかかわり方が千差万別なんだそうです。まあ、出てこずに私の部屋に籠もっているというのが基本なんですが、ある男の子には、どういうわけか、心を許して出てきたそうです。

心を許してと言っても、チトーなりの許し方です。なでられたり抱っこされたりができるわけではない。でも他の人がいるときには出てこないのに、その子が来たときには、とたたたたとたたたたと出たり入ったりする。彼の何が、そんなにチトーをリラックスさせるのか。茶髪か。メガネか。声の質か。存在の波長か。

またトミーのメモから。

「いっしょに暮らしていると、何を認識しているか認識してないかわからない。クレイマーは1日寝てるし、別に楽しそうに暮らしてないし、いこうかーというと、うれしそうに出てくるが、そんなに昂《たか》ぶって困るほどではない」


7月の終わり。

「カマダ先生にほめられました」とトミーからLINEが来ました。

「チトーちゃん、ホントに良い意味で変わってきましたね。比呂美さんの存在の有無より、トミーさんの存在がかなり効いてますね。9月に都会に帰られるとき、いっしょに連れて帰りますか？」というメッセージが来たそうです。

「ぼくはこれを心の糧に、あと1か月がんばれると思いました」


8月の終わり。あと10日ほどで私が帰国という頃。

学生たちが自主的に勉強会をやっていました。私もはいっているグループLINEで意見を、真剣な文学についての意見を書き合っているのを、私はそこにいないふりをしながら見ていたのですが、トミーがこんな発言をしていたのには笑った。声を出さずにおおいに笑った。

「誤読への恐れにもつながる、他人の言うことを正確にわからないのは罪だという、変な他者理解のあり方は、すごく気になっています。（とくに異文化）コミュニケーションは断念してからスタートするものだと思います。これは犬猫植物ハウスで暮らしてみての感想です。このヒトたちのことを理解できることは決してないだろうなと思ってからがコミュニケーションの第一歩でした。……ぼくは、ただこの報告をしたかっただけです。すみません」

8月28日

ベルリンを発った。

8月29日

羽田に着いた。東京の親友枝元宅に一泊した。

8月30日

熊本に着いた。トミーが犬臭い車で迎えにきてくれた。もう犬のニオイにも熊本の道にもすっかり慣れて、私よりたっしゃな運転ぶりだった。

家に着いて、ビデオに撮ってよとトミーに言いながら、私はドアを開けた。少し開けただけで、すき間からクレイマーの顔がぬっと出た。そして、泣き声みたいなすすり泣きみたいな長い声をあげた。

いつも、東京から帰るときは、いっしょに中に走り込み、おなかを出してのたうちまわる。1、2分のたうちまわれば冷静になる。でもこの日は、ちょっと違った。

　クレイマーは、走り込まず、のたうちまわらず、跳びかかりもせず、ただ私にぴたりとくっついて、私の股の間に顔を深く深く突っこんで、すすり泣きのような声を出しながら、そのまま長い間離れなかった。

　メイが私をじっと見つめながら、のしのしと近寄ってきた。テイラーは変化なし。そしてチトーは逃げ惑った。

　その夜も更け、クレイマーはいつものクレイマーにとっくに戻り、猫たちも所定の場所につき、私が自分のベッドに入るや、チトーが私の足の間にどすんとすわり、そのまま寝た。

　チトー、次の日には、私のわき腹に背中を押しつけて寝た。

　その次の夜には、私の隣で仰《あお》向《む》けになって寝ていた。

私はその胸から腹から股からしっぽから、どこまでもな

でまわした。チトーはなでまわされるがままだった。チトーなりの「オカエリ」かもしれなかった。

でも私が立ち上がると、どんなときでも、いつでも、たちまち逃げ惑った。

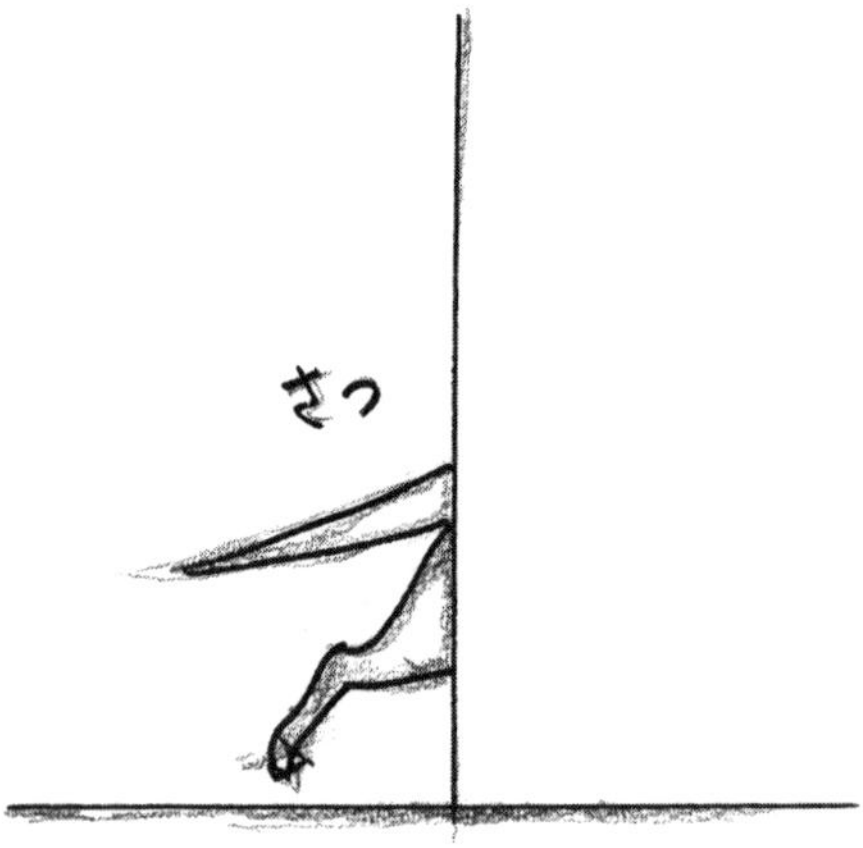

12

犬猫のいない便利、いる充実

9月生まれの私は誕生日が来て67になりまして。

私が60歳のときに7か月でうちにきたクレイマーも、今は7歳、ちゃくちゃくと中年になっているのです。

私不在の3か月間、トミーがきっちりドッグフード量を守ってくれて、濃厚カスタードのシュークリームやこんがり焼プリンもやらずにいてくれたおかげで、太り気味だった体形がみんなに言われるほどすっきりし、チトーも、すこやかな娘体形を取り戻していました。

67というと、あっという間に70になる。70になったらあっという間に80になる。やっぱりこうして、くり返し考えるんです。この先どうなるか。

私がとつぜんこの子たちをこのまま残して死んだら、娘たちが来て、アメリカに連れていってくれる。これが基本のプランです。すでに三人の了解も合意も得ている。全員、犬猫好きだし、飼ってるし、そもそも私が祖父の犬をそうやってアメリカに連れてきたのを見ていたし。

しかし今、娘が三人で、犬猫が四匹。

ちょっと待って。飛行機で連れていけるのはひとりにつき一頭じゃなかったか。

そう思ってANAに電話してみたが、回線がたいへん混み合っておりますと言われて、1時間待ってもつながらない。その上ANAのHPで探してみたら、ケージは一頭につき一個ということで、クレイマーがいないだけでおろおろして平常心をすっかり失うチトー、一頭でケージに閉じ込められて移送などされたら、最大級のトラウマにはまり込んでしまうのではないか。薬を強めに処方してもらって眠らせていくしかない。でもその前に、まず獣医に連れていかないといけない。その前に懸案のリードを、と、考えはぐるぐるとぐるぐるぐるとまわるばかりでありました。

そのときに何よりめんどくさいのが、ペットを国外に連れていく検疫の手続きだ。私がいりゃ、やり方はわかってるんですが、私がいない場合のことを想定しているわけで、みんな困る。娘たちは日本語が不自由で、コンビニで買い物くらいはできても、煩雑な手続きができるとは思えない。

猫たちは、もらってきたユカリさんちに戻すことも可能かもしれない。田舎の広い家で多頭飼いしてるから、二匹戻ってきたって大丈夫に違いない。でもユカリさんのことは私しか知らない。その私がいないことを想定しているわけだから、まずユカリさんにひさしぶりのＬＩＮＥして、もし万が一のことがあったら、と頼まなくてはいけない。それにつけても人々との日頃の無沙汰が悔やまれる。

　この頃友人知人がいろいろと病んだり死んだりして、その病み方も死に方も、少し前のその人からは想像もつかないかたちで進んでいくのを目の当たりに見てしまったから、自分自身の病み方死に方、どんなに想像して心の準備をしていても、現実に起こることはそういうかたちではないと思う。

　ご近所のミヤワキさんや愛犬教室のカマダ先生、それからトミー、世話になってる、頼りにできる人は何人もいるんですけど、私が死んだとき、かれらが元気に生きてるという保証はない。

　結論が出ません。自分の葬式費用なんてどうでもいいから、犬猫移送費用と、そのために動いてもらう人間たちの飛行機代をためとかないといけないということだけは考えました。でも結論はやっぱり出ません。そして犬猫といっしょに住むことはやめられません。

犬猫のいない暮らしをベルリンで3か月やって来ました。快適で、便利で、1日の予定が自分中心につくれて、どこへでもすいすい行けたんですが、行きながら、犬がいない犬がいないといつも思っていました。犬がいれば犬がいればとも思ってました、もっともっと充実してるだろう、と。

9月1日

熊本はベルリンよりずっと暑い。そしてうちは、ベルリンの下宿先より数千倍毛だらけ。毛だらけ。毛だらけ。毛だらけ。歩いただけで毛が舞い上がる。こんなところに私はふつうの人間のフリして住んでいたわけだ。

メイが来て体をすりつけてくるから、なでてやると、私の手や指から、魔法でもかけてるように、猫の毛が無数にちらばっていく。

そしてクレイマーが臭い。ものすごく臭い。

「毎日川に入って水浴びしてたんですけど、やっぱりお風呂に入れないとだめだったんですねえ」とトミーが言ってたので、さっそく3か月ぶりのお風呂に入れた。

9月2日

3か月間たまっていた郵便物を見てたら、ワクチン四回目の接種券があり、かかりつけの医者に電話したら、今日午後にキャンセルがありますよと言われた。それで接種を受けてきたのだが、明け方頃から副反応が出て、時差ボケもあるし、何がなんだかわからない状態だった。熱が出てるのにチトーがぺったりくっついて寝てるから、暑くてたまらない。

9月6日

帰ってきた日から、メイはそばに来た。

テイラーは5日経《た》ってやっと来た。それから毎日、テイラーが仕事机のところに来て、濁音の効いたすごい声で話しかけてくる。

「ドーコニイタンダァ、ニャーニヤッテタンダァ」

ニャーニのところにも濁音が入るのである。

9月7日

タカタ動物病院で、クレイマーのかゆみ止め、アレルギー用シャンプー、クレイマーとチトーのフィラリアの薬。4万円出しておつりがちょこっと返ってきた。この出費、日常生活に戻った感がひしひしとする。「トミーくん、よくやってましたね」とカマダ先生から話を聞いていたタカタ先生が言ってくれた。

「メイ」と呼ぶとメイが来る。「テイラー」と呼ぶとテイラーが来る。何事ノ不思議ナケレド（北原白秋）。

ベルリンに行く前は、呼んでもろくに来なかった。どういう気持ちの変化があったんだろう。おそらくこういうことだ。

トミーが呼ぶときも同じ音を使っていた。おかーさんもその同じ音で自分を呼んでいる。ってことは、この音がつまり自分の名前か。それに気づいたんじゃなかろうか。ヘレン・ケラーの「ウォーター」みたいな瞬間だったに違いない。

もうひとつ気がついたことがある。前は二か所に敷いてあったチトー用のおしっこシートが一か所でよくなっていたことだ。その上、外さずに、ちゃんとおしっこシートの上におしっこする。前はおしっこシートも外したし、下に敷いた厚手ビニールシートも外した。端にこぼれ、床にこぼれ、ビニールシートの裏側までべっとり濡《ぬ》れて、拭き取るのに苦労したもんだ。ああ、めでたしめでたし（1歳半ですけどね）。

9月10日

犬用ソファで、メイが両手両足を伸ばして、仰向きの万歳の姿勢で熟睡していた。半身乗り出してずれ落ちる手前のぎりぎりのバランスで寝てるのだった。

隣の犬用肘掛け椅子には、テイラーが両手両足を伸ばして、魚のひらきが閉じたみたいな格好で熟睡していた。二匹とも前はしなかった寝姿で、しかもそこはほぼ犬用だったはず。いない間に何があった？　猫に犬用の場所を占拠させ、のうのうとリラックスさせる何かが？

このソファ、前にも話した。今年の初めに買った安物。

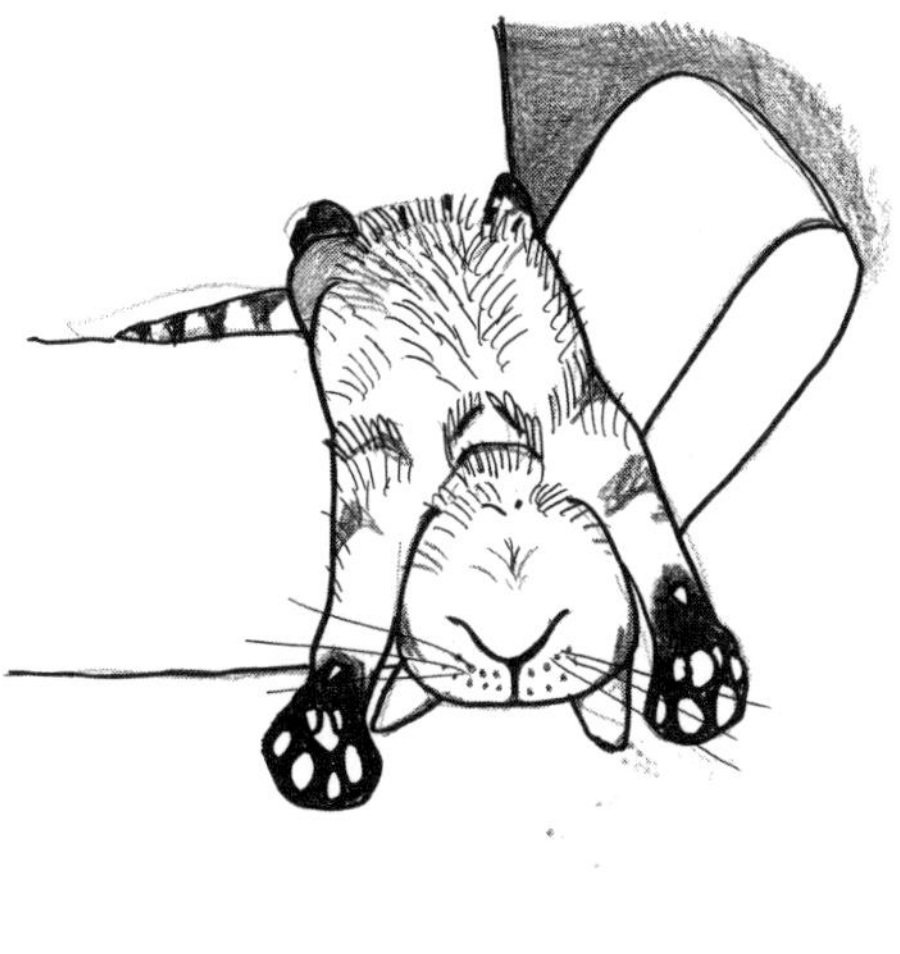

犬ベッドや猫ベッド、人クッションが、チトーによって次々に破壊されていた頃だ。何を買ったって、どうせあっという間に破壊されると思っていた。ほんとに、そういう毎日だった。それでその安物のソファにした。

しかしベルリンの3か月、下宿していた大家さんちにはとてもいいソファがあった。いいデザインで、温かくて、すわり心地もとてもいい。こういう家具がうちにもあったらいいなあとときどき思ったわけだ。

帰ってきてみるととんでもなかった。

安物ソファから犬や猫をどかして私がすわると、犬臭くて毛だらけ。表面は爪とぎでほつれている。木の肘掛けがかじられていて、クッションはがくがくで、すわり心地はおそろしく悪い。大家さんちのいいソファに3か月間すわった後だからとくに悪い。しかしまあ、破壊されてないからヨシとするか。

ソファは生き延びたが、地下室の柱がすごいことになっている。地下室は元夫の書庫だった。天井を支えるために、三本の太い柱が立ててある。3か月間、トミーがそこに住んでいた。それで猫たちがトミーのところに入り浸り、ついでに柱で爪をとぎ、柱が三本とも、ガジガジにささくれ立っていた。

今日、私が地下室にいたら、メイがテレポートしてきて、柱の高いところにしがみついてガリガリガリガリガリガリガリガリ、思わず「こら」と叱ったら、テレポートしていなくなった。しかたがないから三本とも、古布をまきつけてガムテープでぐるぐる巻いて留めた。それで地下室全体が、なんというか、激安ソファよりもっとすさまじい、荒れ果てた、激安な感じになってしまったのだった。

9月11日

ゆうべあんまり眠くて、ベッドに行かずに、犬用になりはてた安物ソファで寝てしまった。ベッドは、寝るまでに、犬臭いカバーをはいで、人間用に整えて、もぐりこんで、チトーを迎え入れて、と、しなきゃいけない儀式がたくさんあるから。

朝、目を覚ましたら、チトーが、犬用ソファの隣の、これまた犬用になり果てた肘掛け椅子に寝ていた。

前にもリビングでキャンプしたとき、同じことを思ったもんだ。——私のベッドを自分のものと思い込んでいるから毎晩寝に来るのだと思っていたのだが、そうじゃなかった。私のそばで眠るために来ていたのだった。3か月いなくてもその気持ちは変わってなかった。

ソファは破壊されなかったのだが、私の仕事用椅子の下に敷いてあったカーペットは破壊されつくした。それで数日前に同じものを再購入した。そしたらまたおしっこされた。拭いたのに、またされた。何回もされた。そのたびに拭いた。やがて、こうやってエンドレスに戦うより、カーペットの上におしっこシートを敷くべきかとも考えたが、そこまで妥協するのはどうしてもいやだった。

ちゃんと拭いてるのにニオイが残って、部屋中がおしっこ臭くなったので、カーペットのおしっこ臭いところを30センチばかり切り取って捨てた。これまたカーペットと呼ぶのもはばかられるような安物なんである。だから、端を切って捨てるとか、そんなことができる。

ベルリンの大家さんちには、ペルシャ絨毯《じゅうたん》というのかな、とてもいいのが敷いてあった。ああいうのは夢のまた夢。今のところはこれでじゅうぶん、おしっこされたり、破壊されたりしたら、捨ててまた買うだけだ。

9月12日

愛犬教室のカマダ先生と長電話。

留守の間、愛犬教室のカマダ先生がクレイマーを連れて外にいたら、近所の人が「チトーにもリードをつけて外に出せばいいのに」と言ったそうで、それに対して先生「チトーは野良犬じゃなくて山犬なんだから、ここまでの進歩もとても早いと思っているんですよ」と抗弁してくれたそうだ。

実際、先生の顧客に、うちと同様の野犬を飼っている人がいて、庭に放したまま、ずっと、だれも、さわれずにいるそうだ。ゴハンは「お供え」的にそこに置いて、犬が出てきて食べるのを家の人たちは見守っているそうだ。カマダ先生だけがその犬にさわれるので、予防注射だなんだというときは、カマダ先生が病院まで連れていく。

チトーもそういう状態なら、カマダ先生が病院に連れていけるくらいまでには馴《な》らしてくれただろうに、なまじっか私と中途半端な信頼関係ができちゃっているから、先生の入り込むすきがないのである。

「何でパニクるか、そのスイッチを見極めるといい」と先生は言った。

たとえば、チトーは寝ている私のそばには来る。私は首輪をつかんでゆさぶることもできる。体中どこでもさわりまくれる。ただ私が少しでも動くか立ち上がるかすると、逃げ惑う。パニックのスイッチが入ったわけだが、そのスイッチはどこにあるかを見極める。

9月13日

クレイマーと私が散歩に行こうとすると、メイが来て、ドアの前にごろんと寝て、通せんぼをする。毎回、やる。それがかわいい。ものすごくかわいい。あんまりかわいいから、「どうしたどうした、かわいいかわいい」と言いながら、つい抱き上げて、別のところに下ろす。

毎回やってるうちに、メイの意図がわからなくなった。外に行きたいのか、かわいいかわいいと言われて抱き上げられたいのか。ほんとに行きたいかもしれないと考えた私は、メイ用のリードを買ってきた。首と胴にしっかりかかり、きつさが調節できて、首輪に小さい鈴までついているゴージャスなリードであります。

ところが、首輪もつけてないメイにとっては、まずこれが試練だった。やっと装着して外に一歩連れ出したとたん、ドアの前で動かなくなってしまって、平たくなってしまって、腹の底から胴間声を出して「ナンジャコレハー、ナンジャコレハー」と鳴いた。

メイでそうなんだから、チトーは推して知るべし。

クレイマーと私が散歩から帰ると、チトー、うれしすぎて全身をゆらゆらさせながら、ドアまで迎えに来る。あと一歩で外だというところまで出てきて、ドアから鼻面を突き出す。

しかし先は遠い。まずリードをつけなきゃならない。それから階段の上り下りをしなきゃならない。トミーの住んでいた地下室にみんなが集まったのに（そしてメイたちは楽しく柱で爪とぎをしていたのに）、チトーだけ行かなかったのは、行きたくなかったんじゃなくて、階段を下りられなかったからだ。

リードをつけるまで、家の外に出るまで、階段を下りるまで、リードをひかれて歩くまで、道を渡って土手をのぼるまで……ああ、ため息の出るくらい遠い道のりだ。でもいつかは、風が吹いて気持ちいい、空が青くて気持ちいい、いろんなニオイを嗅ぐのはすごくおもしろい……てなことを、チトーに経験させてやりたいと思う。

そういうわけで、メイもなし、チトーもなしで、クレイマーとふたりだけで河原を歩く。まだ夏の虫がいるから立田山《たつだやま》へは行かれない。それで毎日河原の道を歩いて、川に入って、タオルで拭いて、水際にすわる。クレイマーはこの時間が好きだ。それからアオサギを追いかけて、植物を見る。空を見る。ここ数日は月を見る。深夜には星を見る。

9月17日

ベッドの向きを変えた。そしてその下にたまったほこりと抜け毛を掃除した。たくさんのボールや摸造ねずみ、ちびた牛のひづめ、私の靴下、そういうものとともに、クッション二個ぶんくらいの抜け毛がとれた。あまりの量についうれしくなって、「獲《と》れた」「獲れた」と言いたくなる。そしたらさっそくメイが下にもぐっていき、追いかけてチトーは鼻先をベッド下に差し入れるが、先っちょだけしか入らない。昔はこの下に隠れひそんでいたというのに。

掃除が終わったら、チトーがベッドに来なくなった。

9月18日

チトーが寝に来ない。

寝る前のベッドでのおやつごっこも、ここ数日クレイマーがドドドドとやって来てがつがつと食べていくから、チトーとしっぽりとできない。

9月20日

チトーが寝に来ない。

寝る前のベッドでのおやつごっこも、クレイマーといっしょに来て、がつがつと食べて、そのまま帰っていく。

9月21日

チトーが寝に来ない。

でも今朝は起きたら足元にいた。遠くて、前みたいにさわれないのである。

9月27日

チトーが、今朝は枕の上で寝ていたのだった。

目が覚めたときから雷が鳴っていた。クレイマーがベッドわきに、ベッドの下に頭を突っ込まんばかりのところにぴったりとくっついていた。手を伸ばしてなでてやると、小さく震えていた。「怖がっている」ニオイがした。このニオイ、説明できないが、生臭いような、感情過多のような、そんなニオイ。いつものクレイマーのニオイとは違うニオイ。チトーはベッドから出て、うろうろし始めた。

あ、また雷。

私は今、机の前にすわっているが、クレイマーは私の足元にぴたりとくっついて、私の足の甲に体を乗っけて、小さいイタリアン・グレイハウンドみたいに、ふるふると震えている。クレイマーの全身から怖い怖い警報が発令中である。チトーは警報に従って部屋のすみの机の下に避難している。

13 生きてることはむだじゃない

野犬と暮らして、何よりも問題なのが、人に、野犬っていうことをわかってもらえないということです。

人々が、うちにひきこもりの犬がいるのを知って、いろんなアドバイスをくれるのです。「リードをつけたり外したりして、そのたびにおやつやって馴《な》らしていけば？」――そもそもリードがつけられないわけで。「そっと気がつかないうちにリードをつければいいんじゃないの？」――そっと気がつかないうちというのがありえないんで。「だってそばに寝ているんでしょ？」――それでもちょっと動けば、あるいは動こうと心で考えただけで、飛び跳ねて逃げるんです。

愛犬教室のカマダ先生や、私の留守時に夜のおしっこさせに来てくれるミヤワキさんも、トミーも、この問題はわかってくれている。しかしうちに来たことがなく、チトーを見たこともない人たちで、犬を飼う、犬好きな人たちが、善意で教えてくれるんです。そういう問題じゃないんですと、言ってもわかってもらえない。そこには、飼い犬と野犬の根本的な違いがあるんです。どう違うかといいますと。

まず飼い犬。いろんな犬がいますけど、今まで飼ってきたのはみんなこれだった。クレイマーも路上で保護されて、怖い目にも遭ったみたいで、トラウマで心を閉ざして、ぜんぜん馴れませんよと言われた犬だったけど、もともとは人の家で生まれた飼い犬の仔犬《こいぬ》が迷子になって帰れなくなったんだと思います。

次に野良犬。人の手から離れ、飼い主のいない野良になり、路上などで暮らす犬。インドなんかの写真でよく見ますよね。人間の生活圏内で、人とつかず離れず生きている。

そして野犬。人とかかわりを持たずに群をつくって山の中や林の中、野原のすみで生きている。チトーはこの群れ出身です。

「仔犬はときどき捕まりますけど、親犬はなかなか捕まりません」とチトーのいた保健所の人も言っていました。

そのとき、もう一匹の捕まったばかりの仔犬がいて、「こっちの子の方が馴れやすいと思いますよ」と言われた私は、わざわざ、生後2、3か月ですでに馴れにくいだろうと看破されていたチトーの方をもらってきたわけですけど。

案の定、馴れにくかった。半年経《た》っても1年経っても、リードがつけられない。それで犬のことをよく知ってる友人知人が親切に、ああしたらこうしたらと教えてくれるんですが、それがいちいち見当外れで、相手は親切心で言ってくれてるんだから、見当外れですよとは言えずに、ふんふんと聞いているしかない。そのストレスが少々たまっておるのです。

でも後悔はしてません。子どもの頃から、オオカミやコヨーテをぜひ飼ってみたいと思っていた。この立ち耳で丸い目の、柴犬《しばいぬ》の雑種みたいな野犬を飼うことで、その夢がかなったわけです。まあ想像したよりたいへんで、たぶんこのままたいへんなんでしょうけどね。野生の血はほんとに頑固でした。

ずっとこのままでいいのかな、と何度も何度も考えました。

チトー、家の中で楽しく暮らしている。クレイマーにじゃれかかり、猫たちに挑みかかり、遊んでもらう。私から背中をかきかきしてもらうのは好き。おいしいものをもらうのも大好き。クレイマーが外から帰ってくるとうれしくてたまらない。飛び跳ねて迎え、外のニオイを嗅ぐ。ドアの外には何かあるなと思っている。でも出たいとは考えない。ときどき発情してクレイマーと疑似セックスする。あとはずっとこのまま。

あのまま、保健所の霊安室みたいな締め切った場所の檻《おり》の中に留め置かれ、心の底まで恐怖と不安をしみつかせ、人間的なものにはすべてに毛を逆立てて背中をまるめて怯《おび》えているうちに、ある日殺処分。そんな一生よりここの一生の方がずっといいのではないか。少なくともひとつ、命を救ったといえるのではないか。でも命ひとつ救って何になるのか。他の何億もの命がむだに死んでいってるじゃないか。これも何度も考えたことです。……ここで詩をひとつ。エミリ・ディキンスン。私が訳しました。「コマドリ」じゃなく「野犬の仔犬」と訳したかったです。

心が一つ壊れていくのをとめてやれるのなら
わたしの生きてることはむだじゃないのだ
もがき苦しむいのちを一つすくってやれて
痛みを一つなくしてやれて
弱りはてたコマドリを一羽
巣に戻してやれるのなら
わたしの生きてることはむだじゃないのだ

10月1日

チキンの胸肉を焼いて、チキンのレバーをゆでた。犬たちが興奮して走りまわっている。私は白菜の煮たのを食べているが、チトー、そこにも顔を突っ込んでくる。

10月2日

リビングにみんないた。チトーはクレイマーと遊びたそうにすわっていた。しっぽを振って甘えかかるけど相手にされない。チトーはつまらない。そこで「チトー」と呼んでやると、しっぽをちぎれんばかりに大振りに振って私を見て、にこーっと笑った。

10月3日

今朝起きたら目の前にチトーが寝ていた。ほんとうにひさしぶり。ベッドの位置を動かしてから来なくなったと思っていたが、違う理由だったのかもしれない。

メイがテレポートしてきて、なでろなでろかけかけ攻勢。するとチトーも（後ろを向いていたので）無言で、かけかけ攻勢。代わる代わるかきかきしていると、物足りなくなったメイがチトーにかけかけ攻勢しだしてなんかわけのわからないことに。

チトーの変化は、ここ数日かなり気をつけてやっていたチトー馴らしの効果ではあるまいか。チトー馴らしとは「てきとうにおやつをやってしまわずに、さわりまくってからやる」。こうして書いてみると、何のことはない、めっちゃシンプル。

10月6日

昨日、クレイマーを外に出すとき、チトーがついてきて、ついに鼻面を外に出したから、いっしょにいく？　と誘ってみた。もう少し出てきて、ひっこんだ（一回目）。

外の廊下（うちは集合住宅の一階）のあっちとこっちに間仕切りを立てて、いちおう結界つくって、おやつをもって、何かあったら呼び寄せられるようにして、また誘った。出てきて、ひっこんだ（二回目）。

今朝、猫たちも体を低くして「ニャンダー、ニャニャッテンダー」と言いながら出てきたので、みんな誘い出すつもりでドアをあけた（廊下の間仕切り結界はなかった）。猫といっしょだからさらに勇気が出て、前よりも多く顔を突き出して、ひっこんだ（三回目)。

　群れ意識、家族意識が強いらしいので、クレイマーさえ呼び込めば戻るだろうと考えた。甘いかもしれない。


「だめですよ」とカマダ先生に叱られた。

「甘いです、そんなものじゃない。リードつけないとぜったいだめです。いつ、どんなふうにパニックになるかわからない。パニックになったら、クレイマーのそばにいることなんか忘れて、外に飛び出していってそれっきりですよ。道に飛び出して、車にぶつかることだってありますよ。まずリードです」

10月8日

　長女のカノコは障害のある乳幼児のスペシャリストで、今日話していたら、こないだ自閉症と言われて送られてきた子（あかちゃん）が、どう見ても自閉症というよりトラウマで、小児科医も同じ意見だと。胎児の頃経験した母親のトラウマを自分の身に引き受けて覚えているケースのように思える、と。

チトー、生後2か月くらいで捕まって、親の教えだけじゃなく、心身に人間コワイがこびりついている。捕まるときの記憶、捕まってからの2週間（人間の子どもなら虐待と言われる待遇だった）もトラウマだったには違いないが、胎児の頃の経験もあるのかとカノコの話を聞きながら考えた。胎児の頃の経験、それから母犬が胎児だった頃の経験、母犬の母犬が胎児だった頃の経験……等々がチトーの身体に流れているのではないか。

10月10日

チトー。昨日の朝は近かったが、今朝はベッドにはいたけど遠かった。2、3日前は何度もドアから首を出そうとしたのに、昨日はしなかった。水前《すいぜん》寺《じ》清子《きよこ》の歌みたい。いや、一歩進んで二歩下がる。グラフにしたら、ぎざぎざしながらゆっくり上向きだ。

ベルリンから帰ってきたら猫たちがやたらとしゃべるようになっている。前もこうだったが、今は日本語に聞こえる。

前の犬のタケ、仔犬のときはそりゃーかわいかったが、めきめき大きくなってすぐ成犬になって仔犬の時分のかわいさはなくなった。しかし大学からひさしぶりに帰ってきた娘が「タケ、かわいくなった」と言ってたのは3歳のとき。10歳のときにもそれを感じた。「かわいくなった」。変化していくのだ、犬も猫も。

で、チトー。「チトー」と呼ぶとしっぽを振る。ものすごくまじめな顔をしているときには振らないから、何回か呼ぶと、そのうちに振る。それがおもしろくて何回も呼ぶ。そのたびに、目を見つめてにっこり笑ってやる。トラウマのある赤ん坊にはこうするんだと、娘に教わった。

10月12日

「チトー」と呼ぶ。しっぽを振りかけて、「う、どうしよう、誘いにのっていいのかなあ」とクレイマーを見る。「クレイマー」と呼ぶと、「ホラ、呼んでるよ」としっぽをぶんぶん振ってクレイマーを誘ってこっちに来る。

犬猫を閉め出して、ドアを閉じて、Zoomやってた。終わってドアを開けたら、競走してるみたいにクレイマーとチトーが走り込んで来た。そしてベッドにすわった。

10月13日

バターの空き容器、クレイマーに払い下げたら、くわえてソファに持っていって丹念になめている。チトーもほしがるから、ふたに少しなすりつけてやったら、くわえてもっていって、クレイマーの足元でなめている。――15分後、チトーがクレイマーのもってた方を振りまわして遊んでいた。

今日は「二歩下がる」日のようで、呼んでも来ない。しっぽも振らない。でも気がつくと、そばにいる。見ると逃げる。クレイマーがリビングにいるせいじゃないかと思う。それでチトーを見ないようにして、おやつをもって差し出しながらコンピュータを見つめていると、そうっと取っていく。見ると逃げる。取っていったら、「チトー、チトー」と小さい声で歌う。――これを何回かくり返したら、チトー、クレイマーをリビングに置いて、仕事場のベッドに寝に来てくれた。

10月15日

隣人のミヤワキさんが来てビール飲んだ。なんとチトー、ミヤワキさんの手からお肉もらって食べていた！　一昨日の夜も、私は東京で、ミヤワキさんが夜、おしっこさせに来てくれたのだった。

10月17日

カマダ先生にそろそろリードをとハッパかけられて、昨日も今日もずっと機会をねらっているのだが、なんかエネルギーというか、瞬発力というか、私に足りないものがあるのだ。

20年前ならちゃっちゃっとやってたんじゃないか。若かったし、強引だったし、すばやかったし、家族という、それを見ている、共謀してくれる人たちもいたし。

とりあえず、リード見せびらかし作戦を始動した。今までクレイマーに、「さんぽ行くかあ」と言うと、のっそりと立ち上がるから、いっしょに外に出て、歩き始める前にリードをつけていた。ゴミ捨てに行くときや車に乗るときは、リードなしだ。クレイマーは穏やかと言おうかエネルギーが足りないと言おうか、他の犬たちみたいに、さんぽさんぽさんぽと大騒ぎしないのだった。

それを、家の中で、チトーにリードを見せびらかしながら、ぴっとつけるやり方に変えた。帰りも家の前でリードを外してたのを、家の中までリードつきで入り、ぴっと見せつけ、クレイマーいい子いい子となでまわし、おやつもやりながら、おもむろに外すという作戦。チトーはつられて近づいてきて、おやつも、いい子いい子のかきかきもねだる。

10月19日

ついにリード装着。

泣かせてしまった。暴れていっぱいひっかかれた。うんちはした直後だったので、おもらしはなくて済んだ。少し滴ってたくらいで。でもクレイマーが「なんでいじめる？」みたいな目で私を見た。

垂れ下がったリードをテイラーが追いかけている。そしてチトーは全身でおどおどしている。クレイマーが外から帰っても、お迎えに来ない。ベッドの上から動かない。ごほうびのミルク（さんぽのごほうび……チトーは行かないのだが）を催促してたのもしない。でもミルクをベッドの上に置いてやったら飲んだ。

リード装着が朝の10時。今、夜の6時。ちゃんと出てきてゴハンを食べた。いつものマテはしなかった。リードをテイラーに追いかけられているが、前に、同じことをしたときほど、いやがってはいないし、びくびくもしていない。

私の腕と足が、数か所のひっかき傷で無惨なことになっているが、嚙《か》み傷はひとつもないのだ。チトー、逃げようとして暴れたが、嚙みつこうとは、考えもしなかったのだ。

10月20日

チトー、リードがじゃまらしくて、脚を開いて

もたもた歩き、気持ち的にもおどおどしている。しかし今日は、私が犬猫用の胸肉やレバーや手羽をしこたま仕込んでいたので、台所にいすわりっぱなしで食べていた。私が肉をもっていないと、またおどおどする。でもベッドの私のそばに眠るし、手がとどけば（私が動かなければ）なでてもOK。

10月21日

チトーの気持ちも行動も、なんとかリード装着前に戻った感じ。丸2日かかった。

あの日、私は次女のサラ子と電話で話していたのだ。話しながら、リビングの椅子にすわったら、チトーが隣のソファに来たから、手を伸ばして、かきかきしてなでなでしていたのだった。とてもリラックスして。私もリラックスして。

私は考えた。今ならできる。

ちょっと待っててとサラ子に言って、電話を置き、左手で首輪をつかみ、チトーはぎゃんぎゃん鳴いて大暴れ、右手でリードを取り、しかし左手がチトーの動きに負けそうになったので、全身で向かい合い、暴れるのを押さえつけ、リード装着。20秒くらいかかったか、かからなかったか。

電話に戻ったら、サラ子が心配そうに「どうしたの？」と。

左手で首輪を押さえて、右手でリードを取るのにもたついただけだ。チトーがいつのまにかしっかり大きくなってたので、力負けしそうになっただけだ。

今日になって、一昨日、なぜ、サラ子との電話中にやったんだろうと考えていた。そうして思い当たった。だれかといっしょにやりたかったのだ。

リード装着、大仕事だった。精神的にも、肉体的にも、チトーにとっても。それをひとりでやるのがほんとうに気が重かった。タケのときから、犬の世話するときにいつもいたこの娘に、いっしょにやってもらいたかったんだなと気がついた。

14 動植物園に住み込まない？

犬猫がいると旅行できない。と人が言います。
だから犬猫が好きなんだけど飼わない、と人が言うのを何回も、いろんなところで聞いてきました。

実際私の生活で、それがどんどん問題になってきています。つねに今度家を空けるときに犬猫植物をどうしようと考えて生きてるわけです。たいへんめんどくさいんですが、考えてみれば、子どもが小さかったときはまったくそうだったし、親が老いていたときもそうだった。

今、私自身が老いて、家族がいなくなって、それで犬猫と暮らし始めて、家族をつくり、また家族のいる不自由さを存分に味わっている。むしろどこにもいかない時間の方が長くて、そのとき犬猫がいることでどんなに救われているかわからない。

秋は、文化の日のせいですかね、各地で講演会やなんとか会が催され、詩人や作家のとても忙しい時期であります。私も例に漏れず、この11月から12月にかけて、ほとんど毎週どこかで用があり、家を出て飛行機に乗ってよその町に行って、どこかに泊まらなければならなかったのです。

4年前にアメリカから帰ってきて早稲田大学で教え始めました。3年契約でした。その間はほんとにひんぱんに、毎週熊本から早稲田に通っていました。

なんで通う？　と思うでしょ。カリフォルニアからクレイマーを連れてきちゃったからです。それで私がいない間はより預けやすい、私がいる間はより犬の生活に合わせられそうな熊本に住むことにしました。3年契約が終わって、フリーの詩人に戻りましたが、また今期だけ、非常勤で1クラスを教えています。それでひんぱんに東京に行きます。

飛行機のチケットは少なくとも3週間前には買います。もちろんその方が安いからなんですが、でもほんとは、早めに帰る日を決めておかないと、いろんな用事がずるずると入ってきて、熊本に帰れなくなっちゃうからです。

金曜日の朝、家を出て、土曜日のお昼頃、家に帰る。

その間、愛犬教室のカマダ先生が朝と夕方に来てくれて、犬猫全般やってくれる。同じ集合住宅の四階のミヤワキさんにクレイマーの夜の散歩を頼み、三階のウエキさんにお昼前後、おしっこに出してもらう。今はこれを基本に、なんとかまわしていってるわけです。

で、問題は一泊ですまないとき。二泊、三泊になるとき。

犬と猫だけで、長い時間を過ごせるのか。

減ったとはいえ、これまでのチトーの破壊行為は、ほぼ私がいないとき、うさ晴らしみたいにやられています。

私はそんなに犬猫と遊ぶ方ではなくて、ゴハンと散歩とうんちの世話はこまめにして、あとは家の中にいるだけの、おいしいもののつまった冷蔵庫みたいな存在です。でも、この冷蔵庫、なかなか温かく、すり寄っていけば気持ちよくなでたりもしてくれる。あるのとないのとでは、大きな違いがあると思うんです。

この頃、三泊以上になるときは、熊本大学の学生ノブとユウに、何もしなくていいから家に泊まってくれない？　と頼むようになりました。「いっすよ――」と快諾してくれて、かわりばんこに泊まりに来てくれるようになりました。

散歩させてねうんこ拾ってねゴハンやってねということは、頼んでません。ノブとユウは早稲田生じゃないから、直接教えた経験もなく、それで私の方に遠慮があるのかもしれない。

ただ寝てくれるだけでも、ほんとに違う。犬猫たちが人の気配を感じられる。寂しい思いをしてるんじゃないかと、私が思わずに済む。

しかし問題は来年です。来年は、仕事で、2月と5月と8月と11月に海外に行く予定がある。

2月と5月と8月は、アメリカ行きです。カリフォルニアにも帰って（家があるし娘たちもいるので、つい「帰る」が出ます）みんなに会う予定です。娘たち、近所の友人たち、犬たち、植物たち。

コロナ禍になってから3年間。その前は、アメリカならいつでも行けると思っていたのでした。アメリカはいつでも行けるから、2019年秋はオーストラリアに行き、2020年2月にはイギリスに行き、そしてそれっきり、どこにも行かれなくなり、だれとも会わずに生きてるわけです。

しかしながら、今年の夏のドイツ行きは、トミーがいたから何とかなった。ところが今、トミーはめでたく東京で就職しており、もう頼れない。ノブとユウは学業があるからそこまで頼めないし、実家が他県にあるから、休みに入ると熊本にはいなくなる。さあどうするか。

捨てる神あれば拾う神ありとはよく言ったもんで。

熊本出身の早稲田生、その名はイブ。1月末に学期が終われば、熊本に帰ってくる。そして私の詩の授業にずっと出ているから、私にはよくわかっている。彼女の性格は、かなり向こう見ずで冒険好きなんであります。住み込みで犬猫の世話しない？　と声をかけたら、「やりまーす」と即答してくれた。

これで2月のアメリカ行きが確定した。

しかし5月と8月と11月はどうにもならない。5月と11月は学期中で、イブは当然東京にいる、8月は東京でインターンをする予定だという。その頃になればノブたちも慣れてきて、いや私がノブたちに慣れてきて、頼めるかもしれないが、うう頼めるかもしれないが、と私が必死で考えてたら、カマダ先生から、すごい案が出てきたのでありました。

5月と8月と11月、その都度チトーを（なんとかして）檻《おり》の中に

入れて、クレイマーといっしょに、先生の家（愛犬教室）に運んでしまったらどうか？猫たちは家に置いておいて、1日に一回、見に来れば大丈夫だ。

そういえば、チトーが来る前は、留守にするたび、先生がクレイマーを先生の家に連れていって、連れて帰ってもらったのでした。ときには私がしめきりで身動きとれなくなってるときにも、そうしていたのでした。

それで希望が見えた、ような気がしないわけでもない。

でも、今リードをつけるだけでこんなにむずかしいのに、いったいどうやってチトーを捕まえればいいのだろう。

百歩譲ってチトーを先生の家に連れていけたとして、2、3週間で馴《な》れるのか。もし馴れるなら、もうとっくに馴れててもよさそうなものだけど、馴れてない。今は先生が来ると、チトーは部屋のすみに隠れて出てきません。

とにかく先生がチトー用の檻《おり》を持ってきてくれまして、それは今、リビングにどおんと置いてあります。隣には巨大な猫用檻（後述）がどおおおんと置いてあります。人の家というより動植物園の一角という感じです。

10月26日

スジさんが「猫タワーいる？」と言うから、いると言ったら、よっぽどじゃまだったのか、たちまちもってきてくれたのだが、想像していた猫タワーじゃなくて、巨大な檻だった。三階だてで、素通しに見えるメッシュパネルでできている。

リビングの植物を動かして、場所をつくって、そこに置いたが、ものすごくじゃまだった。そしてメイもテイラーも、なかなか入ってくれない。そもそもスジさんちの猫は数年間一度も入らなかったそうだから、入る保証はどこにもない。

それで、私はまたたびをすりつけたざぶとんを敷いてみた。猫たちはしばらくのたうちまわったが、やがて外に出て、平然といつもの椅子で寝てしまった。今度は、ざぶとんの上においしいものを撒《ま》いてみた。一応、食べた。二階の、クレイマーが届くところのはクレイマーが食べた。

野生動物と猟師のたたかいのようだ。チトーに薬をやるときもまったくそのとおり。いつも猛毒ストリキニーネを肉に仕掛ける猟師になった気分で、クリームチーズ丸《がん》をつくっているのだが、今日はわな猟。でも猫はなかなかかからない。

その上チトーが、大きな檻を怖がってリビングに来ない。おしっこはしに来るが（檻の隣がチトーのおしっこシート）、怖くていそいでおしっこするから、シートを外して床にする。

　このまま猫たちが入らなかったら、周囲に植物の鉢をかけ、スパシフィラム、セントポーリア、ベゴニアセンパフローレンスで、花咲く巨大檻に仕立ててみたらいいかもしれないなあなどと考えた。

　しかしじゃまだ。返すことになるかもしれない。

10月27日

　メイが猫檻の三階にいるのを目撃！

10月28日

　テイラーも猫檻の三階にいるのを目撃！

　チトー、おしっこは外さなくなったが、うんちを外す。

10月30日

猫檻は一階から三階まであり、各階にざぶとんを置いてあるが、猫たちが寝るのは三階だけ。先にメイが入っていると、テイラーがわざわざ私のところに来て、メイが入っていると訴える。抱えあげてメイの上に置いてやると、そのまま折り重なって寝ている。

11月1日

猫檻にフックでかけられる鉢ホルダーを買ってみた。フックでかけられるガラスの花びんも買ってみた。猫の手が届かないところに、鉢やびんをかけてみる。かけられるのはかなり暗くてもＯＫな植物たちだ。今はクズウコン科のカラテアとマランタ、サトイモ科のフィロデンドロン。それと切り花のユリを買ってきて挿した。

猫檻、じゃまだけど、楽しくもある。人生のようだ。じゃまだけど楽しい。楽しいけどじゃま。そういうものと何度かかわってきたことか。犬も猫も、まさにそんな存在。

今や猫たちはずっと入っている。まるでサンディエゴ動物園のネコ科大型獣檻みたい。サンディエゴ動物園は、動物もすごいのだが、植物もすごい。いたるところに室内園芸用の熱帯植物が地植えされて、ものすごい勢いで繁っているのだった。

11月2日

この日記はTwitter（当時の呼称です。今は「X」）をメモ代わりに使っている。こないだこんなことを書いた。

――外から帰るとミルクをもらう儀式がある（犬だけ）。クレイマーと帰ると、クレイマーを待ちかねてチトーが喜びにくねくねしておどりながらクレイマーにしなだれかかるが、同時にミルクも待ちかねて、私の目を見て、頭を下げて、お尻を振って、また後ろ足で立って、おどりながら、マダカマダカと笑いかけてくる。

そしたら「私なら蹴り倒してやります」というコメントが知らない人から来た。

その気持ち悪さといったらなかった。悪意がとつぜん降りかかってくる感じだ。防ぎようがない感じで、うちのチトーがじっさい蹴り倒されたような痛みすら感じた。即座にその人をミュートして、まだし足りなくてブロックした。

少し前に、爬《は》虫類《ちゅうるい》を飼っている知り合いが、tweetしていた。

「ヘビのことを書くと『焼酎漬けにしてやりましょう』と書き込んでくる人がいる。おもしろがってやってると思うが、こちらはおもしろくない。むしろいやな気持ちになるのでやめてもらいたい」

これ以来、チトーのことをTwitterで書く気をなくしている。

11月7日

昨夜の11時頃、クレイマーと散歩中、大きな火球が燃えながら落ちて行くのを見た。家に帰って調べてみたら、おうし座流星群。

今夜もずっと上を向いて歩いたら、火球を一つ、ふつうの流れ星を一つ、そして夜空を飛ぶフクロウも一羽見た。

11月8日

皆既月蝕だった。

すっかり隠れた頃、日没の頃歩いた山の森の中にiPhoneを置き忘れたのを思い出して取りに行った。イノシシのヌタ場の近くでイノシシが見たくて待っていたときに置き忘れたんだと思う。山は真っ暗で、森は真っ黒で、いろんな音がざわざわして、クレイマーはしきりに吠《ほ》え、懐中電灯は電池切れでついたり消えたりして、その上空にぽっかり浮かんだ月が影みたいにぬめっとしていた。

11月16日

すっかり夜空が冬の星座になっている。オリオンにおうし座。プレアデス。おおいぬ座にこいぬ座。ふたご座、アンドロメダ、カシオペヤ。木星に火星。めがねをかけずに見ると、乱視につき、星が三つずつ見える。シリウスが三つ。木星も三つ。オリオンの三つ星なんて合計九つだ。

11月24日

チトーのリード、ついに嚙《か》みちぎられた。今はネクタイみたいに短いのがぶらさがっている（これもその後、なくなりました。いったいどうやって、嚙みちぎるのか）。

11月25日

東京に行きがけ、補聴器をなくした。

あとで装着しようと思ってコートのポケットに入れて、ついでにサングラスも入れて、車に乗り込み、走りながらサングラスをかけて、赤信号で停《と》まったときに補聴器を装着しようとして、片方しかないのに気づいた。

補聴器をつけ始めて4年になる。両耳で１００万と言われたが、そんなに払えませんと言ったら、80万の利息なし分割払いにまけてくれた。でもそれでずいぶん会話が助かる。今はマスクで隠されて、また聞こえにくくなっているが、補聴器なしではより聞こえない。

私は瞬時にさまざまなことを考えた。

家の中で落とした可能性がある。おおいにある。

猫が見つけたら、爪で引っかけて遊ぶに違いない。それをチトーが横取りして、嚙み砕くに違いない。それをクレイマーが横取りして、呑《の》み込むに違いない。精密機械につき、うんちで出ても使えなくなってるに違いない。新調したら50万。今から家に探しに帰ったら、飛行機に乗り遅れるから、チケット新規購入５万。もう自分の運転じゃ間に合わないからタクシー代５０００円。次の便にすると授業に遅れるから、何が何でも今もってるチケットで東京に行かねばならない。

などと脳内で計算して決断し、家に爆走し、車の中を探し、家の中を探し、探しながらタクシーを呼び、あきらめてタクシーに乗り、暴走してもらって10分前に空港に着き、駆け込み、乗り込み、小さい空港なので、なんとか間に合った。タクシーの中からミヤワキさんとカマダ先生にＬＩＮＥして、テンマツを話し、ミヤワキさんもカマダ先生もさんざん探してくれたのだが、見つからず——。

11月26日

朝7時。「おはようございます。今朝はすばらしい光景が広がってました」と先生からＬＩＮＥがきた。猫用パウチが何個分もこなごなになってソファの上とベッドの上い

ちめんに散らばっている写真が添付されてきた。白い綿がいちめんに散っていた。猫フード、猫がすぐ飽きるので、いろんなブランドの猫パウチをあつめてかごに入れて、カウンターの上に置いてあった。毎朝そこから取って開けて猫たちにやるのである。

「かごごと床に落としたようですね。白い綿はソファのクッションです。クレイマーもチトーも、うんちが少し緩かったので、今朝は、ドライフードを少しずつ食べさせてます」


　夕方には先生から「昨夜は四匹で忘年会だったんでしょうね。今のところ、3時までのうんちには、異物も含まれていません。食欲はふたりとも旺盛でした」とＬＩＮＥが来た。

　先生、全員のうんちをくまなく調べてくれたらしい。プロ意識のすごい先生である。

「ケーキ置いてくださったと思うんですが、どこでしょうか」とノブからＬＩＮＥが来た。「ケーキたべてね」と書き置きして、ナッツのこぼれるくらい乗った、すごくおいしい、パウンドケーキをひとかたまり、ジップロックの袋に入れて、テーブルの上に置いて出たのである。それがどこにも見つからない。

11月28日

補聴器、車の中のシートの下のくぼみのところにひっかかっておりました。50万、50万、50万、そうか50万、ああ50万だなあと考え続けていた4日間だった。

15 おかあさんだ、生きてたんだ

間があきました。

アメリカに行って（帰って、というべきか）おりました。今回は仕事で行ったんです。その途中に家に寄りました。4年ぶりでした。私名義の家を残し、娘たちもいる、孫もいる、離れがたかった友人もいる、でも何より、私の犬がそこにいます。私が熊本や東京にいろんな関係や事情があるように、カリフォルニアのあの町にいろんな関係や事情や思い出がある。でも今はただ犬のことを話します。

犬の名はニコ。パピヨンの老犬です。

うちに来たときにはすでにジャーマン・シェパードのタケがいました。タケが老いて死に、ルイが来て、老いて死に、それからクレイマーが来て、やがて私の夫が死にました。家ががらんとし、二階に次女夫婦が引っ越してきました。やがて彼らはパグの仔犬《こいぬ》を飼い始めました。めまぐるしく動く傍若無人な仔犬で、クレイマーは、最終的には仲良くなったんですが、最初のうちはがうがう言ってたし、ニコは極力関わりを避けていました。

その頃、私に日本から早稲田大学で3年契約で教えないかという誘いがあり、受けて日本に帰ることになり、さあ犬たちをどうしようかと考えた。二階の娘が、クレイマーは世話がたいへんだから日本に連れていって、ニコはここで、パグといっしょに面倒を見られるから置いていっても大丈夫と言うので、私は心を決めました。

あの頃、日本行きの準備をしながら、ニコに何度話しかけたかわかりゃしません。

「3年間待っててね、かならず迎えにくるからね」。

日本行きの準備でいちばんたいへんだったのは、クレイマーの「輸入」でした。

まずマイクロチップを埋め込み（基本、飼い犬は装着済みです）、狂犬病のワクチンを打ち（もちろん、飼い犬は定期的に接種済みです）、狂犬病抗体検査をして、ネガティブ結果を望みつつ、検査した日から１８０日間待機する。１８０日が過ぎたら日本に「輸入」ができる。渡航の前々日にかかりつけの獣医で身体検査、前日にロサンジェルスの検疫オフィスに行ってアメリカ側の証明書をもらって、その翌日に日本行きの飛行機に乗る——というわけで、もう二度とするかと思いながら、なんとかクレイマーを熊本に連れてきた。

それから2年間、東京―熊本の往復生活はたいへんだったけど（人生ってのは、たいへんじゃないことなんてないものなんです）、私が熊本にいるときは、家で仕事し、クレイマーは足元で眠り、夕方はいっしょに熊本の野山を歩きまわり、私が東京に行っているときは、クレイマーを愛犬教室のカマダ先生に預けて、私は学生相手に暴れまわるというかたちで過ごしていき、いやいや、たいへんだけど、なんとかやれている。これならあと1年も待たずに、ニコを日本に引き取れるかなと考えた。2年目が終わる直前、２０１９年の暮れのことです。

それで準備を始めました。マイクロチップと狂犬病ワクチンは済んでますから、抗体検査。二階の娘が、獣医に連れていってくれました（お代は４５０ドル）。抗体検査結果は2年間有効だから、いつでも迎えに行けると思っていました。

でも行かれなくなりました。コロナ禍でした。

状況はどんどん切迫し、水際対策も鎖国中のような厳しさが続いて、地方在住者の犬の輸入はほぼ不可能になり、そうするうちにもニコはどんどん老いていき、世話している娘からは、歯の手術した、目の手術した、ソファに上がれなくなったから犬用階段を買った、おむつし始めた、と刻々報告がありまして、私たちはみな、あきらめ始めていました。

もんもんとする私に、娘が言いました。

ニコの周りでいろんな人や犬が死んだよね、タケやルイやハロルド（夫）や……。ニコはだれかがいなくなるということに慣れている。おかあさんのことも「死んでいなくなった」と思っているんじゃないか。

この卓抜な意見に、私は納得しました。少なくともニコの心の中で、タケ、ルイ、おとうさん、おかあさん、とあきらめることができるのではないか（いや、犬にその理解ができるかどうかはともかくとして）。

あと数日でカリフォルニアというときに、娘からＬＩＮＥが来ました。

「ニコ、すごく年取ったから驚かないでね」

「目がぜんぜん見えてないから驚かないでね」

「おむつしてるから驚かないでね」

私は返しました。

「あたしだってすごく歩くの遅くなったから驚かないでね」
で、その日、カリフォルニアのサンディエゴ空港に降りたって、娘夫婦に迎えられ、4年ぶりのフリーウェイで、4年ぶりの近所の町並みで、我が家は、だいぶ変わって見えたんですが、それは前庭に植えた極楽鳥花《ストレリチア》が、森の大木みたいに育っていたからだと思うんです。

ドアを開けて中に入ると、ニコがリビングのソファにすわっていました。ソファの前には小犬用の階段が置いてありました。そのソファの上がニコの場所でした。昔はクレイマーやパグとシェアしてはいましたが、とにかくそこがニコの場所。ソファの色も形も、4年前から何も変わらず、ただニコだけが浦島の煙を浴びたように老い果てて、ちょこんとすわっていたのでありました。

私が日本に帰ってすぐの頃は、夜、二階の娘が、パグといっしょに上の寝室に連れていったそうです。でもニコは自分でとことこと下りてきて、いつもすわっているソファに戻ってひとりで眠った。それからずっとソファにいる、と何年も前、コロナ禍になる前に、娘から聞いたとき、私は心の耳を塞いで、心の眼《め》も閉じました。娘は娘で、全力を尽くしてくれている。頼んで、離れて、遠くから何もできずに、それ以上何が言える

か。それっきりなるべく考えないようにしてきたのでした。

　ニコ、ニコ、と呼びながら近づいていったんですが、ニコは聞こえてないし見えてもない。じゃ鼻は？　それもたぶん嗅ぎ取れてない。でも2メートルくらいに近づいたとき、その表情がぱあっと輝いた。膜のかかった目でこっちを見つめて立ち上がった。耳が揺れた。視覚か聴覚か嗅覚かわからない、でも何かがニコに伝えた。「おかあさんだ、生きてたんだ」という叫びがニコの口から出たような気がする。手を差し出したら、ぴったりとしがみついてきた。

2月8日

　留守番に学生イブを雇ったと思っていたら、「もう一人の学生ミナもいっしょに来たい、いいですか」と言うから、いいよ——と言ったのが数日前だ。「別の学生ユキもいっしょです」と言うから、ＯＫと言ったのが昨日のことだ。

　どういう経緯か知らないが、熊本には三人で、福岡からバスで来た。その夜は熊大生も加わって酒盛りをした。

早稲田の子と熊大の子が仲良くしてるのにはわけがある。コロナ禍でオンラインになってから、熊大の子が、早稲田の詩のクラスにもぐっていたのである。早稲田グループの代表みたいな立場になった子もいる。東京に武者修行に行って、しばらく早稲田の連中といっしょに行動していた子もいる。高校生のときから知ってる子もいる。あぶなっかしくて放っておけなかったから、東京で浪人中に、詩のクラスに誘った。その子は今、熊大の医学部で、熊大の文芸サークルにも入っている。そして熊本出身の早稲田生も何人かいて（そのひとりが今回のイブで）、休みになると熊本に帰省して、うちに来る。そのとき熊大生たちも来て酒盛りする――。

2月9日

スーツケースを出してきた時点で、クレイマーは感知してしょげ返り、目で、「どうしてもいくの？」と責め立ててくる。その目を振り切って家を出てきた。

私が熊本を出た時点で学生は三人いた。もうすぐ一人来ると言っていた。来週になったら二人来るとも言っていた。ああそうと生返事して私は目の前に積み上がった仕事をこなすことに汲々《きゅうきゅう》として……学生の数を把握してなかった。

2月11日

〈アメリカ〉成田発シカゴ着。時差があるから同じ日に着いた。空港そばのホテルに一泊してボストンへ。ボストン空港からハーヴァード大学へ。シカゴ経由にしたのはシカゴ大学が日本からの往復旅費を出してくれたからで、わかりやすくシカゴを起点にして他のところを組み合わせることにした。

〈熊本〉当然ながらクレイマーは、外に連れていっても、おしっこをするだけで散歩をしない。愛犬教室のカマダ先生が来て、世話のしかたを教えてくれる。イブのママが差し入れをしてくれる。チトーはちょこちょこリビングに出てくる。猫たちはなつっこく、東京からは新たに三人来たそうだ。

2月13日

〈熊本〉イブから「集まってます」と写真が来た。なんと、11人いる！
「みんなの予定が重なっちゃって」とイブが言った。東京から早稲田生がさらに二人来たそうだ。熊大生も三人来たそうだ。熊大生は近所に下宿や実家があるから寝に帰る。しかし八人も、どこで寝る？　「上で四人、下で三人」とイブが返信してきた。数が合わないが追及してない。『11人いる！』（萩尾望都）も数が合わない話だったしね。

　もうひとつ送られてきたのが私のベッドの写真。ベッドカバーがずたずたに食い破られ、色とりどりのプラごみがこなごなに嚙《か》みちぎられ、いちめんに散り敷かれてあった。あやーと思ってたら、愛犬教室のカマダ先生からＬＩＮＥが来た。
「昨日行ったら、チトーが奥の部屋のすみの机の下に隠れていました。最初にチトーに会ったとき、姿を見せることなく、『ここに隠れてます』と奥の部屋の角を指差しておっしゃったのを覚えてますが、あの頃に戻ったみたいです。ストレスがたまっている。なんとかしないとかわいそうです。イブさんもミナさんも、賢くてよく考えるいい子たちで、がんばっているのもわかるんですが」

　そして、イブとミナはカマダ先生に叱られた。教訓はコレだ。

「犬の世話に来てるんだから犬優先にするべし」

いやまったくそうなんですが、私だって先生の立場なら、叱ったと思うんですが、そしてチトーはたしかに、ストレスがマックスなんだろう、かわいそうにと思うんですが、そう思う心のどこかで、学生たちのもってる私への信頼や親近感を感じ取って、かれらの逸脱する行動も、不器用で過剰な人とのかかわりも、優先してあげたくなってる私がいる。

2月14日

〈アメリカ〉ボストンからサンディエゴ、４年ぶりの自宅へ。

〈熊本〉イブとミナ、叱られてしょげ返っている。自分たちはどうやったらチトーにストレスがかからないようにできるか考えていたところだった——そんなＬＩＮＥが、少し年上のミナからぽつんと来た。それもわかる。バランスが取れなかっただけだ。イブからは何にも言ってこない。めっちゃしょげてるに違いない。

2月15日

〈アメリカ〉クレイマーとニコを連れて歩いていた荒野を、娘とパグとで歩いた。荒野にはあと少しで花が咲く。

それから近所の老夫婦の家へ行った。老夫婦の妻、とても親しかった。会えるのが楽しみだった。そしたら1週間前に脳梗塞を起こしてICU、夫が萎《しお》れ果ててみんなで心配している、と娘や友人たちから連絡が入ったのだった。

妻は昨日退院した。再会してハグしたときには思わず涙が出た。妻は萎《しな》びて縮んでいた。表情はあるのに言葉が出てこなかった。それでもどかしそうに手を振って首を振った。何度も何度もそうやった。

2月16日

〈アメリカ〉今度こそ、ニコを連れて帰ろうと思った。17歳の老犬にとっては過酷な移動と思ったが、これまで何度もそう思ってあきらめてきたのだが、このままここで死なせたら、私は一生後悔するだろう。決意して、ニコを連れて獣医に行って、抗体検査をしてもらった（お代はまたまた450ドルなり）。たぶん結果はネガティブなので、180日後には日本に行ける。

〈熊本〉みんな帰って、イブとミナだけになったそうだ。

2月17日

〈アメリカ〉老夫婦に会いに行った。妻は一昨日よりよくしゃべれた。

2月18日

〈アメリカ〉「ニコがすごくイキイキしている」と亡夫の仕事を手伝っていた人に言われた。夫が死んでからも、家の裏にあるアトリエに、片づけや作業に通ってきているので、ニコのことをずっと見ていた人だ。たしかに、表情がはっきりしていて、笑っているように明るい。夜は、昔のように私のベッドの枕で眠る。外に行くのは大好きだが、ちょっと歩いておしっこしてうんちするだけで満足する。1日何度も散歩に行って、そのたびにうんちする。散歩から帰るたびにフリーズドライのチキンをもらえるのが楽しみで、待ちきれない。

2月20日

〈アメリカ〉老夫婦に会いに行った。妻、さらによくしゃべれた。二人とも91歳。まだまだ生きる。

〈熊本〉放浪中の学生が立ち寄って二泊。熊大からも何人か来て、乾杯中の写真が送られてきた。

2月21日

〈アメリカ〉サンディエゴ（家）からシカゴに移動。

ニコには見慣れている光景だったと思う。「おかあさん」が大きなスーツケースを開けてごそごそやっている。そしていなくなる。いつか帰る。何度も経験したから覚えていたようだ。でも前回は、それからずっと帰らなかったから、死んだと思っていたのである（娘の説）。

だから今回は「いなくなる」「もしかしたら死ぬ」を予知して、私の後をどこまでもついてきた。「あたしは死んでも生き返って、ここに帰ってくるから、あんたも生きてるのよ」と何度も言い聞かせたから、ニコはきっと生きている。

2月24日

〈アメリカ〉「今度ニコを連れて帰る」と友人に書いていたのだが、書きながらわかってきたことがある。書くってすごい。

あの家で、ニコは、ソファで、ひとりで眠って、ひとりで生きる。その「ひとり」「生きる」は、日本で独居していた父が、7年間、毎日毎日感じていたものではないか。寂しくて、退屈で、空《むな》しくて、何もなかった。父はそう訴えていた。それを知っていたのに、どうして私はお父さんを見捨てたのだろう（しかたがなかったからなんだが）とずっと考えているのだ。それにぴったりと、今のニコがかさなるのだ。私は、もう後悔はしたくない。

〈熊本〉別の学生が来た。学生というより元学生、社会人になって3年目。なんと、あらかじめ「お世話になります」とLINEが来た。帰った後も「ありがとうございました」と来た。さすが社会人。他に連絡してきたのは、放浪中の学生（私がいないのを知らなかった）と、学校の先生になる修業中の大学院生だけ。ま、いいんだ。私もほんとにそうだった。いずれ、みんな、できるようになるだろう。

ミナからは、チトーが、ミナの寝ている地下室にいる写真が来た。前代未聞。チトーは今まで地下室に行く階段を下りたことがなかった。それから、チトーがミナの服を鼻で突っつく写真。至近距離からイブを見つめる写真。

2月27日

〈アメリカ〉ピッツバーグからシカゴに移動。取ってあったのは20時にピッツバーグからシャーロットに行って乗り換えて、24時過ぎにシカゴに着く便。直通ならば2時間ちょっとで着くのに、アメリカの東から南をぐるっと遠回りしてシカゴに着いたわけだ。

朝になったら、日本行きの飛行機に乗る。

3月1日

母帰る。クレイマーが泣きながら飛びついてくる。チトーが周囲をうろうろする。クレイマーが、泣きながら頭を私の股に突っ込む。メイ来る。チトー来る。メイ、体をこすりつける。チトー、鼻で私を突っつく。クレイマー、すすり泣いて身悶《みもだ》えする。チトー、さらに突っつく。メイ、こっち見ろと伸びをする。テイラーが猫檻《おり》の三階で立ち上がり、そろそろおれの出番だと飛び下りて近づいてくる。クレイマー、感に堪えかね、ひっくり返って腹を出す。

16 最果ての老後、犬猫どうする？

私はとにかく子どもの頃から動物が好きで、いつもなんだかんだと家にもち込んでました。ところが母が、とんでもない動物嫌いで、何をもち込んでも罵倒される。仔犬《こいぬ》も仔猫も、仔スズメも仔コウモリも仔ネズミも、トカゲもヤモリも、何にも飼っちゃいけないと言う。父はそのたびにまあまあまあまあと私の味方をしてくれて、実際父の口添えで、いろいろ飼うことにはなったので、父は動物好きだと思ってたけど、私ほどではなかったです。とはいえ晩年の数年間、父は、犬のルイとふたりで生きていました。

私に「一生の不覚」というのがあるとすれば、深くかかわった夫や男が、みんな、動物嫌いであったこと。

男とつきあい始める前に「犬好きですか」とか聞けばよかったのに、聞かなかった。あるいは相手を、学者やアーティストから見つけてこないで、農場主とか獣医とかから探せばよかったんだけど、後の祭りです。

それでも私はときに交渉し、ときにごり押しして、猫や犬を飼ってきたけれども、とくに近年は動物好きに育った娘たちの後押しもあって何匹も飼ってきたけれども、もしあの男（最後の死に別れた夫ですが）さえいなければ、もっともっと多くの、保護猫、保護犬を、手当たり次第に家に引き入れていたに違いないと思う。「よかったよね、ダディが動物嫌いで」と娘に言われたことすらあります。

そして今、夫がいなくなり、娘たちもいなくなって、ひとり暮らしになり、ストッパーが外れてこのような生活をしているというわけです。

だれもいなくなった後のひとり。

仕事ができるとか気楽でいいとか、のんきなことを言ってみても、ぽかんと何かが空いている。そこを埋めてくれるのは犬猫です。ゴハンやらなきゃ、うんち始末しなくちゃ、なでてやらなきゃ、散歩に連れていってやらなきゃ、猫じゃらしで遊んでやらなきゃ、等々ほんとに忙しい。生きる目的ともなる忙しさです。

面倒くさいなと思う心も、何にもない退屈さよりはずっとマシだし、愛されている、必要とされていると確信する瞬間は、相手も、自分も、たまらなくいとおしくなる。この先の最果ての老後さえなければ、もっともっと増えているはず。そして多頭飼育崩壊しているかもしれません。

問題は、そこであります。

いつか来る最果ての老後にたどりついたとき、動物たちをどうするかということですよ。

「私に何かあったらどうするか」と、あるとき友人と話していました。保護猫を飼っている、退職後の夫と二人暮らしの友人です。

「うちの問題は、だれもチトーにさわれないことですよ。あたししかさわれない。そのあたしがいなくなったらいったいどうなるんだろう。今はバンドエイドを貼るみたいに、愛犬教室のカマダ先生と近所の人たちと学生たちに頼んで、なんとかなってますけど、これだって、いつまで続くか。

抜本的に体制を整えないといけないと、毎晩寝る前に考えながら寝て、目が覚めたら目の前の日常の雑事についかまけてしまって、何にもせず、また寝る前に思い出す。そのくり返し」

そしたら友人が言いました。

「この間、某《なにがし》さん（友人の友人、68歳、ひとり暮らし）が、あるＮＰＯ団体から13歳の柴犬《しばいぬ》を引き取ってきたんですよ。

そこは高齢者に高齢の犬猫を譲渡する専門のところで、ある程度、身体《からだ》が健康ならば、独身でも高齢でもＯＫ。譲渡されるのはほぼ10歳以上の子。

そしてその高齢者がいざというときには、つまり入院、施設に入所、死亡などのときですけど、そのときはその団体が犬猫を引き取って、つぎの里親に譲渡するというシステムなんですって」

若い動物のエネルギーがないから、身体能力の衰えてきた高齢者にも飼いやすい。動物も年取ると、若いときよりいろいろとお金がかかる――でも子育て中の人々なんかとは違って、今からペットを飼いたい高齢者はそのくらいの余裕はある、ことが多い、はずだ。

で、費用は？

「ふつう保護団体から犬猫を引き取れば、去勢や避妊、ワクチンなどの費用も含めて、3万から5万はかかりますけどね。ここは寄付制（一口1万円）。もっと払える人は払うし、払えない人は払わないでいい」

受け渡しは厳しい？　ふつう保護センターで犬を引き取ろうとしたら、条件がすごく厳しいじゃないですか？

「面接はかならずある。そして1か月間のお試し期間がある。先住犬猫がいたりする場合は、そこで相性がいいかどうかも見られるんだそうですよ」

　友人はさらに続けました。

「でも別に、お金を払いながら、模擬飼育みたいに延々と暮らすのもあるそうです。毎月数千円で、引き取るというより、借りる・預かるという感覚」

　それ、アメリカでもあります。うちの娘がやってたようです。いずれ戻すことになる仮親として。

　そういう形態を「フォスター」という。人間の「フォスター」とは、親権を持たずにその子を育てること。犬猫の場合は「つなぎに」「仮に」犬猫と暮らすことです。「フォスター・ペアレント」を辞書で引くと、日本語では「里親」となる。

　一方、正式に引き取るのが「アダプト」。犬を保護センターから引き取ってくるとき、人間の「アダプト（養子縁組）」と同じ言葉を使うのには、最初はびっくりしました。人間のアダプトも、親権をちゃんと取りますから、犬猫も、アダプトしたら、実の子同然。その心意気で犬と暮らす。

　つまり日本語では、ペットの場合、「アダプト」と「フォスター」を区別することなく、なんでもかんでも「里親」と言ってるわけです。

「生後すぐの仔猫に、ミルクボランティアというのもありますね。やりがいはありますけど、それになるのにはかなり条件がむずかしいらしい。まず譲渡ボランティアの団体にかかわって、そこと信頼関係を築き上げたら、やってみる的な」

――むずかしいですねえ。

「でもほんとに、世間には、どんな人がいるかわからないから。ほらこないだ比呂美さんも言ってたじゃない、Twitter でチトーのこと書いたら、『私なら蹴り倒してやります』って書かれたって」

そうなんです。散歩して親しくなった犬友だって、自分の犬に、私が「えっ」と思うような声かけ、荒い声でどなりつけている人もいるし、ぺしゃっとひっぱたく人もいる。そのたびに、「えっ」「えっ」と私は仰天しています。

アメリカでも、クレイマーを引き取るときは、洗いざらい申告させられました。家の状態。犬を飼ってきた歴史。飼えるのに手放した犬はいるかどうか。いるなら理由は何か。あなたが飼えなくなったらどうするか。ふだんはこちらから見に行くが、あなたの家は遠いから写真を送ってくれと言われ、家のすみずみ、犬が抜け出して非業の死を遂げてしまうようなことにはならないか、ねずみの穴からごきぶりの穴まで、調べて撮って送るように言われて、そうしました。動物たちの身を守るためには、しかたないんでしょう。

3月2日

チトーがうちに来て2年目の記念日。アルバムをひっくり返してみたら、2021年3月2日の、キャリーの中の不信感にまみれた目付きの仔犬の写真が出てきた。2年前のこの日にキャリーの中で、泣いてもかまわずリードをつけておけばよかった……。

3月3日

時差ボケでわけがわからなくなっている私であります。

宵の口に寝て、深夜起きて、そのまま朝まで起きて、仕事して、「さー、ゴハン食べるかあ」と台所に行ったら、チトー、うれしくて飛び跳ねて、勢いのあまり地下室に、たたたたたと下りていく。「おねーちゃん、おかーさんがゴハンくれるよー」とミナに報告してるようだ（でもミナは起きない）。「ほら、起こすんじゃないよ」と言うと、上に上がってくる。その顔たるや、あかるくてのびのび

していて、どこが野犬じゃと言いたくなる。

ミナとイブに、「私がいなくても、もしリードつけられたらつけてね、泣くけど大丈夫だから」とだいぶ前に頼んでおいたけど、まだできてないようだ（無理もない……）。

3月6日

この頃訃報が続く。今日は何年も世話になってきた鍼《はり》の先生のお葬式。同い年。病気なのは知っていたが、まさか亡くなるとは思わなかった。お正月明けにも鍼を打ってもらったのだ。去年の暮れにも、親しい人のお葬式があった。そのとき会った在熊の友人たちがみんな来ていた。お葬式から帰ると、犬たち、こっちの気持ちにかまわず、いつもどおりの大喜び。昨日今日と、イブとミナは、イブの家（イブは熊本出身）にお泊まりしている。

3月7日

私は東京行き。帰ってきたばかりなのにごめんねごめんねと思いつつ、とめてくれるなおっかさん（の逆）、イブとミナに再度任す。イブは8日に東京に帰るそうだ。

3月10日

ミナから地下室のチトーの写真が来た。ベッド脇に敷いてもらった毛布の上に、クレイマーとならんで寝ている。私がいないときは常駐しているようだ。

3月11日

熊本に帰ったら、イブはすでに東京に帰り、新たにトモが来て加わっていた。ミナは変わらず地下に寝て、イブの寝ていた中二階に、今はトモが寝ている。

3月12日

ときどき熊大生のノブとユウが来る。
どういうわけか、チトーはノブのことをそこまで怖がらない。好きなのかもしれない。

うちに初めてノブが来たときから、平気で出てきた（その頃は、知らない人が来たら、ひたすら隠れていた）。ノブも好かれているらしいのを知っていて、熱心に肉をやる。それでチトーはより好ましく思って近づく。とてもありがたい悪循環。

今晩は、ミナとトモが、オンラインで、深刻な合評会をやっていた。ノブとユウのいる熊大の文芸サークルの集まりにゲスト参加してるらしい。若者がこうして知り合う、集まる、その場に居合わせて、ほんとうに婆《ばば》あ冥利に尽きるなと思う。

3月15日

トモ帰る。ミナとうとうひとりになる。「月末まで置いてください」とだいぶ前に言われて「いいわよー」と答えた。

3月17日

在熊本の友人たちのＬＩＮＥグループに「今月末、熊本市内の某所で、外国の若者30

人ほどが来て、日本の子どもや若者と3日間でショーをつくり上げるというワークショップがありますが、ホームステイ先がぜんぜん足りていないそうでして。ホストファミリーになってもよいと思われるかたがいらしたら登録していただけるとありがたいです」というのが回ってきた。くわしく聞いてみれば、ちょうどミナが帰る日の次の日から三泊四日。

知らない子としゃべるのは億劫《おっくう》だが、ここまで学生たちを泊めといて、あと二人くらい何でもない。うちは会場に近くて、大家は私で、カジュアルなもてなしは得意で（ぜんぜんかまわない）、英語ぺらぺらで、アメリカ人の若者の偏食（アメリカ人の若者は偏食がほんとうに多かった――うちの子も、うちの子の友人たちも、うちの孫も、みんなそうです）にも対応できて、これ以上の条件ないじゃんと思った。

それで、「犬猫アレルギーのない人にかぎります」という条件をつけて申し込んだところ、落とされた。

「ひとり暮らしはダメ」という理由だった。

ああ、なんだかかね、保護猫や保護犬を申し込んで断られるときみたいと思ったのだった。条件が厳しすぎる。善意が無になってどこかへ消えてってしまう。

3月20日

チトーがミナに、これ以上ないほどの穏やかなゆるい顔を向けている。でもミナが立ち上がると、ぱっと逃げる。

ミナもいるし、ノブたちも来るので、私は料理をする。若者は肉が好きなようだ。だからふだんは買わない牛肉を買ってくる。そしてそれは犬たちも大好きだ。それから長い間つくらなかったほうれん草としめじの梅おかか和えとか、にんじん炒めの卵とじとかを、深い霧の向こうからつくり方を思い出すようにしてつくる。

それを若者たちが、ばくばく、ばくばく、ひょっとするとがつがつ食べてくれるのは、アレです、もうほんとに、めちゃくちゃ楽しいのです。

犬たちももちろん、やればなんでもがつがつと食べてくれるけど、それとはまたぜんぜん違う。

どうしてかしら、同じ食べるという行為なのに、もっと深いところを刺激されてるような、ここ数年すっかり忘れていた楽しさなのです。

3月23日

私は東京。谷川俊太郎さんに会いに行く。その道々に観察する、雨の杉並区の、アスファルトの路傍の濡《ぬ》れ濡れに濡れた雑草たちが、もうなんとも言えずいとおしい。ただでさえ狭い道路に、はみ出すみたいにして置いたプランターに咲くサクラソウ、プリムラ（洋種のサクラソウなんですが）、ひょろひょろに伸びて菜の花みたいになった葉ボタン。それからアスファルトから伸び出たスミレやツタバウンラン、塀から顔を出す花ざかりの月桂樹。

私は、こういうプランターのはみ出したところで育った。昭和の昔の板橋区の裏通りの路地裏だったから、プランターなんかあり合わせ、発泡スチロールが出始めた頃のトロ箱や漬物の箱に土を入れて、植物を植えていた。２０２３年の杉並区の路上にあったのは、発泡スチロールの箱じゃなくて、ちゃんと買ったプランターだった。植えられる園芸の草花たちは、サクラソウやプリムラ、ミヤコワスレ、三色スミレ、ぜんぜん変わってないように思える。

そしてミナからは写真が送られてきて、なんと、地下室のミナのベッドの上で寝ているチトーだった！

3月25日

雨は上がった。早稲田大学の卒業式だった。ピンクの着物に紫の袴《はかま》。青い着物にピンクの袴。緑の着物に白の袴。色とりどり。ピンクハウスの紅白のドレスにジーンズという子もいた。男の子はスーツ。まじめなのや明るい色のや。

卒業しない子もたくさん来た。イブも黒いアンサンブルで来た。「お母さん」の仮装だそうだ。

何人もの卒業生から、「こないだ泊まりに行きました、お世話になりました」と言われた。「めっちゃ楽しかった」とも言われた。「飲みに行こうよ」とだれかが言ってるのを聞きながら、早稲田を出て、最終の飛行機で帰ってきた。

3月28日

ミナとノブが出発した。青春18きっぷで、東京に行くそうだ。漱石の『三四郎』みたいな話である。立田山はサクラが満開。

出る前に、ミナが、「言われてたのに、リードつけられなかったです。何度もつけようとしたんだけど、いつもさっと逃げられて、イブとも、トモとも、ノブとも、なんかかわいそうだねってことになっちゃって」と言った。

ときどき思うのだが、もしクレイマーがいなかったら、うちにいるのがチトーだけだったら、そして猫たちもいなかったら、もっと早くチトーは、リードをつけさせてくれて、飼い犬としていっしょに外に出ることができていたと思う。それをこんなに頑固にはばんでいるのは、犬の群れ性だ。

つまりチトーは、この家で、まず二匹しかいない犬の群れの下位犬として暮らしている。次に、猫たちも加わった非人間毛だらけ軍団の一員として暮らしている。最後に、この家の、私を頂点とする、愛情と愛撫《あいぶ》と、ゴハンのやりとりを含む非人間共同体（家族）として暮らしている。

クレイマーがいなかったら、その全部がなくて、私と一対一の関係をむすんでいただろうということだ。

でもクレイマーがいたから、あの怯《おび》えたひとりぼっちの犬の仔が、来て5日目には、頼れるおとなのベッドに寝かせてもらって、いなくなった母犬代わりに、ぴったりと寄り添って、温かみをいつも感じて、安心してぐっすり眠ることができたわけだ。クレイマーがいなかったら、と考えるのも詮ないことだけど。でも、ときどき考える。

17 この家には、犬二匹、猫二匹

少しだけ年下の友人。猫二匹、老夫と二人暮らし。まもなく夫の生家で住職の世代交代のイベントがあり、それに出なくちゃならず（大切ですよ）、二泊三日の旅行がさし迫ったという彼女が、自動トイレを買ったという。一匹は入ったが、もう一匹は入らぬという。

「ふふふ。我が家は自動トイレ、ついに導入しました」

「５００００円ちょっと」

「半年悩んだけど、超ラク」

「排泄《はいせつ》をスマホで知らせてくれて、体重管理もできる。これで明け方4時と、朝食後、夕方と夕飯後に、必ず排泄することが判明。1週間分くらいはためてもＯＫ。排泄後に消臭スプレー出るから、ニオイは気にならない。雄の方も使ってくれたら二泊くらいは行けそう」とLINEが来ました。

自動トイレ。超ラクそうですが、導入は考えてません。以前はクレイマーを愛犬教室に預けて家を空けた。今は猫たちもチトーもいるから、家を空けるときには、どうしてもだれかに泊まってもらう算段をしなきゃならない。ものすごく不便だけど、これがウチという家庭の生き方かもしれないなあと、自動トイレの便利さについて考えながら気がつきました。

猫のフンシという呼び名、だれかの小説に書いてあったような気がする。猫の出てくる小説といえば、谷崎潤一郎《たにざきじゅんいちろう》の『猫と庄造と二人のをんな』。読み返してみたらビンゴでした。初めて読んだとき、へえ、そう呼ぶのかと感心した覚えがあります。それで、ここは谷崎に倣いまして。

以前、猫のフンシを人のトイレに置いてありました。

うちの風呂場はタイル貼り、右側は便器、その横に洗濯機、洗濯機の裏に排水口。左側が浴槽というつくりになっている。人用便器の前のスペースに、二つ並べてフンシを置いてありました。私が便器にすわっていると、かならずメイが来て、自分もそこでおしっこなりうんちなり、私のしているのと同じことをするのが愉快でした。

使っているのは水に流せる猫砂。木製かおから製。以前せっけんの香りというのを使ったら、香りじゃなくて臭かった。無臭の猫砂の方が、猫のおしっこのニオイしかしないし、すぐ片づければちっとも臭いと思わないけど、猫砂がタイルの上に散らばるのには閉口しました。猫砂とは散らばるものと思って、あきらめていたのであります。

ところがあるとき、稼働中の洗濯機の下から、黄色いおからのようなものが、ぐちゃぐちゃと、とめどなく流れてきて、トイレの床からお風呂場の床まで、いっぱいに広がった。強烈な光景でした。水まわり屋さんを呼んだところ、これは洗濯機の問題ではなく、排水口に猫砂がつまり、水でふやけて、逆流したのだろうと。高くついたし、ビジュアル的にもたいへん怖《おそ》ろしかった。それ以来、猫たちのフンシは、お風呂場の外の小さい廊下に置いてあります。

チトーのフンシは、というか透明な厚手のビニールシートの上におしっこシートを敷いてあるだけですが、庭に出るガラス戸の前にあります。

以前はビニールシートの端っこにして、裏におしっこが回り込んでしまってということもたびたびあったのに、今は外しません。いつから外さなくなったのかなと考えていて、はっと気がついたら、もう長い間、チトーがものを噛《か》んで壊すこともしていない。スリッパ類はもう何か月も生き延びているし、私の毛布やシーツも噛み破られてない。犬ベッドに猫ベッド、ざぶとんにクッション、靴にスリッパ、枕にぬいぐるみ。肘掛け椅子の腕の部分もガジガジに、大切にしていた古い人形もボコボコに破壊されてきたのであります。すさまじい破壊力でした。他のどの犬たちが仔犬だった頃より、すさまじく長くつづきました。

それが今は、なんて平和。チトーの内部の破壊衝動が薄れたのか、私が学習して、壊されるものを壊されるところに置かなくなったのか。

ついでに話しましょう。うちにはチトーの破壊力という問題とともに、もうひとつの問題があるんです。クレイマーのニオイがたいへん臭い。たんに体臭が強い個体なのだと思います。いかにクレイマーを愛している私といえども、私のベッドにそのまま寝てもらいたくはないわけです。それで何かをベッドの上に敷かねばならない。クレイマーだけのときはそれでよかったんですが、チトーが来てからは、その敷物をチトーが噛むのです。縁を噛み、ボタンやファスナーを目の敵にして噛み、敷物をほじくって、下の枕や毛布を噛む。私はいろんなものを試したあげくに、ダブルベッド用の厚いベッドカバー、経血が垂れても目立たない茶色のやつを買ってきて、ベッドをすっぽり包み込むようになりました。

臭いので、それをひんぱんに洗います。

うちは洗濯物を家の中で干してますが、そのベッドカバーを家の中に干してごらんなさい。クレイマーの体臭と濡《ぬ》れた犬のニオイが入り混じり、居ても立ってもいられないほどのニオイが充満するので、この頃は、お天気の日に駐車場の車の上に広げて乾かしています。

4月5日

4月といえども初夏らしい（地球は確実に温暖化してます）木々の色、葉の色。霧雨が降る午後遅く、私はいつものようにクレイマーを乗せて、いつもの山に行き、いつも歩くように歩いて、帰り道、ふつうに道路をふつうの速度で走っていたら、突然ドカンと衝撃がっっっっ。

おわっ何がっどうしたっっと思った瞬間、車の左側、ガードレールと私の車との間を一台の車が、ががががががと轟音《ごうおん》を立てて入り込んできて、煙が上がり、私の左のミラーが吹っ飛んでいった。

衝撃の瞬間、クレイマーが後ろの座席から落ちるのが聞こえたけど、私の運転は荒いのでいつも落ちてる。振り向いて見たときには、平然とすわり直していた。

左に寄せて停車すると、追突した人（中年の女）が来て「だいじょうぶですか」と聞かれたが、私が何より知りたかったのは、その人がなぜこのような暴挙に出たかということで、「何があったんですか」と聞き返すと、「ちょっとぼーっとしてました」と答えたのだった。

で、私は考えた。何が起きるかわからない。

こないだまでわれわれ高齢になりかけた人間が、老後に動物を飼う可能性と飼えなくなる可能性を考えていたのだった。病気になる、やがて死ぬ、そのとき動物をどうするかなどと。そのとき、事故という可能性はまったく考えていなかった。

事故、あり得る。めっちゃあり得る。重傷、入院というのもあり得る。事故死というのもあり得る。

そしたらどうなる。クレイマーだけが生き残ったらどうなる。家で待ってるチトーや猫たちはどうなる。

警察が検証するうちにも、あたりはだんだん暗くなり、霧雨もだんだん霧じゃなくなって本格的な雨になり、現場は車しか通らない道で、折からのラッシュ時で、警察の車は来るわ、レッカー車は来るわ、通る人々はさぞ迷惑しただろう。

いつも頼っている車の修理屋さんに連絡したら、傘さして現場に来てくれて、伊藤さん、これ運転しない方がいいですよと言って、代車を置いていってくれた。

追突なので全額、追突した側の保険会社から補償されるそうだ。私のスズキアルトは、車の後ろがすっかりひしゃげて、修理にかなり時間がかかるということだ。

4月6日

「事故に遭っちゃって」と話すと、話した相手全員に「あとで来るから」と言われた。

ちょうどワクチンを打った後、副反応が出るか出るかと待ってる感じだ。何かがひたひたとやって来るような気がして、あちこちが痛くなってきた。それで整形外科に行った。レントゲンも撮った。痛み止めの薬ももらった。ミヤワキさんが散歩に行ってあげましょうと言ってくれたけど、クレイマー、忠犬につき、ぜったいに行きたがらないのはわかっている。

4月7日

カマダ先生が来て、クレイマーを連れ出してくれた。先生は昨日の夕方も来てくれたのだが、クレイマー、忠犬につき、行くには行ったが、おしっこも何にもしなかった。今日はクレイマーの大好きなカマダ先生のお母さまもいっしょに来てくれたので、さすがの忠犬も私を置いて出かける気になったようだ。

さて。そのあいだチトーは家でひとりっきりになった。

以前にもクレイマーが先生のところに行って、チトーがひとりになったことがあり、そのときチトーは、テノヒラを返すとはこういうことかというように私を敵視した。2年近く前の話だ。今回もチトーは、クレイマーがいなくなるや、たちまちベッドのすみに行って体を固くしていたのだが……。

ここでうちの間取りの説明を。私の部屋にはベッドが一つ、机が三つ置いてある。危険度が低いとき、チトーはベッドのすみっこに逃げて固まる。危険度ＭＡＸのときは、いちばん端にある机の下に入る。私の部屋の外にキッチンがあり、猫タワーの置いてあるリビングに続く。庭に出るガラス戸の前にチトーのおしっこシートが敷いてある。

ベッドのすみで固くなっているチトーに対して、まず私がベッドの端にすわり、もうひとつの端っこにいるチトーを見ないようにして、チキンをやった――食べた。

同じことをもう一回――食べた。

リビングのソファにすわって呼んだ――来なかった。

台所で呼んだ――来て食べた。

私の部屋の机の前で呼んだ――来て食べた。

おやつで同じことをしたら――食べなかった。

リビングのソファにすわって呼んだ――来て食べた。

リビングの床にすわって呼んだ――来なかった。

リビングのソファにすわって呼んだ――来て食べた。

てなことを実験研究しているうちにクレイマーが帰ってきた。チトー、迷いなく飛び出していってクレイマーを喜び迎えた。カマダ先生が言った。

「こないだ、ある方が入院されて、その方のご友人がたしかあの家には猫がいたはずだと言い出して、その方が私の愛犬教室のお客さんだったもので、私に頼んで来られたんです。それで私が行ったんですけど。どこにも何にもいない。でもなんか気配はするんですよね。それでだいぶ時間がかかりましたけど、待って、待って、待って、やっと猫を見つけ出しました。あのね、伊藤さん、『うちには犬が二匹、猫が二匹います』とか張り紙しておくといいですよ。何かあったときのためにね」

4月13日

修理屋さんがレンタカー屋さんから借りてきた車、大型犬を乗せてもＯＫという車はなかなかなかったそうで、かなり古びた商用車、ところがこれが、バックドアがぱかっと開いて、シートを倒せば畳だって敷けるなあという広さ。

こりゃいいやと思ったのもつかのま、頑固なクレイマーは後ろから飛び乗るのがどうしてもいやで、アルトでやってたように、後部座席のドアが開くのを待って、のそりと入るのだった。

4月25日

私は寝る前に、必ずクレイマーにおやすみを言う。その頃クレイマーはたいていカウチに寝てるから、隣にすわって覆いかぶさるように頭を抱きしめてやると、重たいらしくて、でもいやじゃなくて、ただ「ぐう」と言う。この「ぐう」の音がおもしろくて毎晩やる。チトーはいつもクレイマーの隣にいるから、以前は私が近寄ると、チトーは逃げていたのだった。でもこの頃は逃げないことが多くなった。ときには隣にすわったまま、頭をなでさせてくれることもある。

4月27日

もうすぐアメリカ行きだ。その間泊まり込みしてくれるミナが来た。チトー、平気で出てきた。ミナが来たっていうんで、ノブとユウもゴハン食べに来た。チトー、またまた平気で出てきた。

4月30日

クレイマーにリードをつけて、さあ散歩に行こうと玄関のドアを開ける。チトーは毎回、玄関の外まで出てくる。半身乗り出してしきりに嗅ぐ。いっしょに行こうと声をかけると、う、どうしようかなというそぶりを見せる。でもリードなしだから、やはりどうしてもそれ以上は先に進めない。で、ドアを閉めて、クレイマーと私は散歩にいく。散歩から帰ってきてドアを開けると、そこにチトーがいて、大喜びでクレイマーといっしょに中に入っていく。

5月2日

チトー、月経である。昨日あたりからやけにクレイマーと仲がいいなと思っていた。そしてクレイマーは私の出発を勘づいて、見るからにしょぼんとしている。

5月4日

アメリカ。

ニコ、前回から間があいてないので、今回は「あ、またおかあさん生きてた」という感じで、前回ほど驚かなかった。目も見えない、耳も聞こえない、たぶん鼻も利かないのに、私の後をついてまわった。おしっこの後のごほうびを、それはそれはうれしそうにがつがつと食べた。近所の店で売ってるフリーズドライのおやつ、この間はチキンがあったが、今回は鮭《さけ》の皮しか売ってなかった。ベジタリアン（魚は食べる）文化がここまで来たか。

5月19日

熊本に帰った。

クレイマーは声をあげてすすり泣いた。

5月25日

仕事をする私の後ろにもうひとつの机がある。チトーが逃げ込む机ではない。ただ本の置き場になっている机だ。

メイがその上に飛び乗って、本の山を突き崩しながら、「にゃー」と声をかけてくる。振り向かないと爪を立てる。それで抱え取って抱っこする。前向きに抱いておなかをなでてやる。しばらく抱かれて下りていく。

テイラーは私の足元に来て、「ぎゃー」と声をかけてくる。振り向くと、私の目をまっすぐに見つめて、また「ぎゃー」と言う。抱き上げようとすると向こうに行く。兄弟で、どうしてこうも対応が違うのか、さっぱりわからないが、考えてみれば娘たちも違うから。

夜、寝ようとしたら、メイがテレポートしてきて、物という物を押しのけて、ひたすら自分の頭を押しつけてきた。それでしばらく頭をかきなで、しっぽのつけ根のあたりをかきなでてやったら、悶《もだ》えて毛を散らした。

明け方、だれかに寄りかかられているのに気づいた。さわってみたらメイじゃない。メイより短毛で、より筋肉質、といったらテイラーですがな。

ふだんは抱かれるのが好きじゃないテイラーが、夜だけは私に寄りかかって眠る。そしてチトーも、夜は寄りかかって眠る。テイラーとチトーよりメイとクレイマーの方が人（私）に近いのに、このふたりは私から離れて寝たがる。ほんのたまにベッドに上ってきても、私が動くと、たちまちよそへ行く。不思議。

6月1日

梅雨に入ったから、散歩のたびにクレイマーが濡れる。タオルでクレイマーに覆いかぶさって、かわいいかわいいと言いながら全身を拭く（儀式です）。するとチトーもぴょんぴょん跳びまわり、私の持っているタオルを嚙む。私の手を嚙む。だからタオルの端でちょっとなでる。

　そんな遊びを毎度毎度やっていたのに、今日は何か、スイッチを押しちゃったらしい。ぎゃんっと、ただごとではない悲鳴をあげて逃げていった。

でもすぐに戻ってきた。今無理やりに捕まえても、リードをつけても、たぶんこの程度の反応だろうと考えた。ぎゃんっと泣いて嫌がる。おしっこをもらす。でもまたすぐに戻ってくる。

6月2日

今朝は目を覚ましたら、川の字に、右にチトー、左にテイラー。そのまま手を伸ばしてチトーの頭や顔をなでまわした。首輪のあたりもなでまわした。今ならリードをつけられると考えた。でも動けなかった。私はやっぱり老いたんだと思う。万事ににぶくなっていて、すばやく動けない。捕まえられない。泣かせたくない。自分ひとりで悪役になり、恨まれ、信頼を取り戻すまで我慢することをどうしてもやりたくない。これから先は私の問題です。

書いておかなくちゃ。「この家には、犬が二匹、猫が二匹、住んでいます」。

18 あとは野となれ山となれ

パピヨンのニコがやって来ました。カリフォルニアから。長女のカノコに連れられて。国外から犬を持ち込むのはほんとうにたいへんです。私はクレイマーをアメリカから連れてきたし、その前にも父が死んだ後、父の犬ルイもアメリカに連れていってるので、経験済み。あんまりたいへんで、二度とやるかと思いながら、前回も前々回もやって来ました。またやっちゃったわけです。

２０１８年、私は早稲田の3年契約の職を得て、日本に帰ることになりまして、当時飼っていた二匹のうち、とりあえずクレイマーだけ連れて帰って、生活の基盤をつくってから、ニコを迎えに来る。もしかしたら私が、3年後にはアメリカに帰る。「3年間待っててね」とニコによくよく言い聞かせて、次女のサラ子にニコを託《たく》して、アメリカを出てきた。

当時クレイマーは3歳、ニコは12歳。

今は、クレイマー9歳。口元が白くなり、初老です。ニコ18歳。昔は白と黒だったのに、いまは白と灰色です。見るからによぼよぼで、しわしわで、目は見えず、耳も聞こえず、鼻も利かず、足もよろよろしています。

「3年間待っててね」と言い聞かせてニコを置いて家を出たわけですけど、ニコにしてみたら、「突然おかーさんとクレイマーがいなくなって、ボクはひとりぼっち。二階にはおねーさんとおにーさん、彼らの犬のパグが住んでるけれども、ボクとは群れが違う。ボクの群れは、あくまでもおかーさん、クレイマーのいた群れだ。少ししたら、おかーさんが帰ってきて、またいなくなった。また少ししたら帰ってきて、そしてずっといなくなった」という感じではなかろうか……。

日本に帰った私は、クレイマーとの生活を、いろんな人に頼りながら、なんとかやれていたのでした（まだ猫たちもチトーもいませんでした）。2年目が終わる頃、これならニコがいてもなんとかなると見極めて、連れて帰る準備を始めました。その矢先にコロナ禍が起こり、すべてが止まりました。

私は4年間、カリフォルニアに帰りませんでした。あきらめていたんだと思います。ニコを連れてくることも、自分がニコを連れにアメリカに帰ることも。

2023年の2月。コロナもだいぶ落ち着いて、私は、4年ぶりにカリフォルニアに帰りました。

ニコはすっかり老いて、ソファの上にひとりですわって、ひとりでうつらうつらしていました。私を見ると、ぱああっと弾けたような表情をして、「おかーさん、生きてたんだ」――てなことは、もうお話ししてあります。今はおさらいをしております。

その滞在中に、私はニコを獣医に連れていき、ふたたび狂犬病の抗体検査をしてもらったわけで、それが2月16日。もちろんネガティブ、狂犬病じゃないってことです。どこへも行かない老犬ですから、狂犬病になりようがないわけで。

それで、検査日から180日後、つまり8月14日以降なら、いつでも日本に連れて帰れることになりました。

私は5月にまたカリフォルニアに帰りました。8月の初めにも帰り、12日までいましたから、あと2日日本に帰るのを延ばせば、連れて帰れたわけなんですけど、仕事がらみで、うまく行きませんで。しかたがない、9月にまた行くかなどと、父が生きていて毎月のように日本に帰っていた頃を思い出し、結局こういうマグロかカツオみたいな（回遊魚ってことです）運命なんだなとため息をつきながら予定を考えていたとき、長女のカノコが子どもたちを連れて、11月に日本に来るという。渡りに船でありました。

人間の4年と犬の4年はほんとうに違います。

2月のニコは、私の後をついて歩いていました。私は毎日、家の前の通りを2ブロックくらいニコと歩きました。日本に帰るための荷造りをしていると、そばに来て、不安そうにうろうろしていました。

5月のニコは、そんなに歩けなくなっていました。だから、前の通りを隣の家の端っこまで行って帰ってきました。それでも私が日本に帰ろうとすると、やっぱり不安そうにうろうろしました。

8月のニコは、ずっとソファで寝ていました。抱えて庭に下ろすと、少し歩いて排泄《はいせつ》するだけでした。私の後もついてこなくなっていました。ずっとソファで寝ていました。

さて、私は、ニコが日本に到着する40日前までに、日本の検疫に届け出を出さねばならない。出発前には、アメリカの獣医の検査を受けて、それをアメリカの検疫に出してハンコをもらわねばならない。こういう手続きが煩雑きわまりなく、サラ子が駆けずり回って情報をかき集め、私が日本の検疫の人たちとメールのやりとりしながら、書類を提出し、いちばん最後に送ったのが、機内持ち込みのバッグの写真。

　そしたら「ニコちゃんの機内持ち込みのバッグのご送付をありがとうございました。11月22日に羽田空港ご到着後に、税関検査場内にあります動物検疫カウンターで、伊藤様とニコちゃんのご来所をお待ちしております」というメールが来て、私たちみんな一斉に、それまでの苦労を忘れ、ニコちゃん、待ってくれてるよ、と思わず笑いがこぼれた……。なんて温かい言葉かけか。ありがたい。

　で、かかった費用ですが。狂犬病の抗体検査が４５０ドル。アメリカの検疫発行の証明書、検査代込みで８００ドル。国際線チケットが１２５ドル。今のレートで、20万ちょい。それに国内線のチケットが６５００円。

11月21日

（アメリカ時間）

前日の20日、サラ子夫婦がニコをカノコの家に届けてくれた（片道7時間）。21日、カノコがニコと子ども二人連れて飛行機に乗った。国際線はペットの機内持ち込みOKで、バッグに入れて足元に置いておける。カノコに子ども二人で三人がけを占領だ。バッグから出して膝の上にというのもOKかと思ったら、さすがにそれはダメでした。

11月22日

（日本時間）

「大丈夫だったよ――」と入国したカノコからLINEが来た。すっと通れたそうだ。「アメリカに連れて帰る予定はありますか」と聞かれ、「いや、たぶんありません」と言うと、検査官もニコのよぼよぼなのを見て納得しつつ、「もし予定があるなら、この書類を保管しておいてください」と。

またカノコからＬＩＮＥが来た。「国内線がニコ機内持ち込みダメだって。預けて大丈夫かなあ。どうしよう。今からキャンセルして電車で行くか……」

私はあわてて返信した。「大丈夫。預けてＯＫ。ここまで大丈夫だったんだから、熊本までも大丈夫」

根拠はない。ただ、飛行機から降りたばかりの子どもたちにもカノコにもニコにも東京――熊本の新幹線6時間はつらすぎる。それでカノコはそのままニコを国内線にチェックイン。固いケージに入れられるが、それは貸してもらえる（経験済み）。しばらくしてカノコから、「ニコ預けたから、おそばにありつけた」と、子どもたちが初めての日本での日本食、おそば食べてる写真が送られてきた。

熊本に着いた。

祖母たる私は孫たちの初来日に立ち会うという感動があるはずなんだが、すっかりニコの初来日に気を取られた。

長旅の後でも孫たちは元気だったけど、ニコはぼーっとしていた。車の中でも家に着いても、ぼーっとしていた。

家に入ったとき、クレイマーは、まずいつものように熱烈に私を出迎え、それからやおら、おねーさん一家に向かい、「ボク覚えてます、みんな大きくなってるけど覚えてます」と言わんばかりに、なつかしそうに挨拶してまわり、ニコに対しても、「やあやあ元気かね」と、昨日別れたばっかりみたいな、穏やかなものだった。

しかしチトーは違った。

そもそもチトーは、人間に捕まって以来、クレイマー以外の犬と会うのが初めてで、自分のテリトリー内で見知らぬ犬と出会った犬として、本能的に正しい態度を取ったわけだ。

つまり、ぎゃぎゃぎゃぎゃと怒鳴りながら噛《か》みついた。目にも留まらぬ早業で、ニコは目に留まっても何もできない老犬で、そのまま噛みつかれ、きゃきゃきゃきゃと逃げ惑い、カノコが「チトーの口の中にニコの頭が入ってるっっ」と叫び、チトーはぱっと逃げたが、時すでに遅し、ニコの鼻先からは血がだらだら流れていた。

最初の夜、ニコを、カリフォルニアの家でずっとそうしていたように、私のベッドの枕の横に、ニコ用ベッドの上に、寝かせた。ニコにとっては知らない家の知らないベッドの新しい犬ベッドなのに、よく知ってる私の匂いは強烈にしみついているわけで、たちまちくるくると丸くなって寝入った。

私はこれがしたかった。6年間、ほんとうにしたかった。いつかそんなに遠くない将来、ニコが死ぬときも、ここで死んでもらいたいと思っていた……と、ここまではよかったんだが、長旅のストレスはいたしかたなく。明け方、私が異変を感じて目を覚ますと、枕から、シーツから、かけぶとんから、何から何まで、下痢便まみれになっていたのだった。

11月23日

翌日はカノコたちを連れて阿蘇に行った。クレイマーとニコも連れていった。軽の後部座席に子どもたちとクレイマーが重なり合ってすわった。ニコは助手席のカノコの膝の上にいたが、途中でまたまた下痢をして、カノコのコートを下痢便だらけにしたのだった。

ニコの食べ物は、13歳以上用の超小型犬用。カリフォルニアで食べてたのと同じやつ。ぬるま湯でふやかして、上にチキンのみじん切りをふりかけにしてやる。ペット用間仕切りを台所の片すみに立てて、その中で食べさせる。でないと、クレイマーに食われてしまう。残ったら、クレイマーとチトーが半分こするので、ふたりとも、必死の形相で見つめている。ニコ、カリフォルニアでは1日一食だったけれども、こっちに来たら、みんながあんまりがつがつ食べてるから、ニコも食べたそうにするし、実際食べる。というわけで、朝夕みんなといっしょに食べるようになった。

うちは集合住宅の一階で、小さい庭がついている。1日に数回ニコを出してやると、うろうろ歩きまわりながらおしっこする。うんちする。それからニコを抱いて、クレイマーも連れて、外に行き、河原の土手の草の上にニコを下ろすと、匂いをかぎながらうろうろしておしっこする、うんちする。

11月27日

今日はカノコたちの帰る日。ここ数日、チトーにリードをつけるなら今だと、私は考えていた。

私の寝起きは、チトーがベッド脇に来てふんふんふんふんふんと私に愛嬌《あいきょう》を振りまく時間。私はチトーの首輪をひっつかみ、「カノコ、リード持ってきて」と叫んだが、カノコ、違うリードを持ってきて、別のを取りに行ってる間に、チトーは暴れ、暴れに暴れ、私はついに手を離してしまった。気がついたら、右頬と左腕を嚙まれていた。ぜったいに嚙みつかれないと思っていたので、これはショックだった。それで、これまで積み上げてきたチトーとの信頼関係もぱあ（その上、リードもつけられず）と落ち込んだが、しばらくしたら、チトーは「なんかくれ、なんかくれ」といつもどおり近寄ってきた。こっちが動くと逃げるけど、じゃ以前は逃げなかったかというと、逃げたのだ。つまりいつもどおりなんである。

11月28日

右頬が熱い。嚙まれたのは耳の脇のところで、自分では見えない。

チトーがニコに何度も襲いかかる。ほとんど未遂でなんとか止めるが、一度、もう少しでやられそうになった。そのとき、私は反射的に反応し、チトーに対して、身体《からだ》を低くして犬語でうなった。まあ、聞きかじりの訛《なま》りきった犬語ですけれども。チトーはぴょんと逃げて、私の部屋のベッドの上に飛び乗った。そこは私のベッドである。しかし同時に、チトーにとっての「ホーム」でもある。

このときばかりは私も譲らずチトーを追いかけ、ベッドの上で防御姿勢を取るチトーに向かって、怖い顔をしてうなってみせた。チトー、鼻の頭に皺《しわ》をつくり、歯をむいて、私にうなり返した。私も鼻の頭に皺をつくり、歯をむいて、さらにうなり返した。いや……。私はこの年になって、犬と本気の喧嘩《けんか》するとは思わなかった。30年ほど前、思春期の娘たちと大人げないやりとりをくり返したことが走馬灯のように思い出され……。ああ、何をやってるか……と嘆息したのである。

11月29日

右頬が熱くてかゆいので、医者に行った。初めて行く外科医院だった。「うちは完全予約制ですから、待ってもよければ」と言われたので、「待ちます」と言ったら、そんなに待たずに呼んでくれた。「犬に噛まれまして」と言ったが、少々恥ずかしかった。先生がその箇所を撮って、画面に映して見せてくれた。ボツボツと歯の跡があって、赤く腫れていた。暴れながら無我夢中で噛みついたんだと思う。「明日、人前で仕事があるので、目立つばんそうこうは貼らないでください」と頼んだら、「中から治しましょう」と言って、抗生剤その他を処方してくれた。

親身に説明してくれる、感じのいい先生で、待たずに済む完全予約制がありがたい。かかりつけの先生は内科医で、外科や整形外科は専門外。また噛まれるとか転んで足を骨折とか、なんかあったらここに来ようと思った。噛まれたおかげで、いいお医者に出会えた。チトーありがとう、だ。

12月7日

時間は飛んでいきまして。あれから私は、買い物に行くときはもちろん、お風呂に入るにも、トイレに行くにも、ニコをケージに入れて戸を閉めた。

チトーの攻撃も、うなるのも、少しずつ減ってきたような気がしていたが、なんと今日、ニコを犬ソファに座らせて、そのまま置きっぱなしにしてたら、チトーがならんで座っていた。

12月8日

ニコを私のベッドの上に置きっぱなしにしてたら、チトーとクレイマーがならんで寝ていた。

ふふ。こんなものですよ。

チトーを受け入れたクレイマーの方が早かったけど、あのときは片方が仔犬という理由もあった。とにかくこれでひとつの群れができあがりました。

12月10日

ニコの頭のてっぺんがざらざらする。見ると、大きなかさぶたがある。鼻の頭が噛まれたと思っていたが、よく見ると、頭のてっぺんも噛まれていた。ニコの頭がチトーの口の中にすっぽり入っていたのだから、歯が食い込んだって不思議ではない。

1月5日

私のベッドの上で。ニコと遊ぼうとするチトー。至近距離に近づき、ニオイを嗅ぎ、腰を振って遊びに誘う。でも拒否される。拒否されても、気にしないチトー。

ニコが要求がましくなってきたような気がする。気に入らないことがあると、大声で「きゃん」と叫ぶ。不満がましく、私を呼び立て、呼びつけている声だ。

排泄のために庭に連れていく。ゴハンの前に連れていく。水の前に連れていく。すわる（寝る）場所に連れていく。

最初はこれだけだったが、この頃は、すわる場所にもいろいろ好みがあり、気難しい。犬ソファの上にすわらせると「きゃん」と鳴く。「ここじゃない」そうだ。ゴハンを食べ終わると「きゃん」と鳴く。「たべたのがわからんのか」と叱られているようだ。でもニコが、それだけ自分を自由に表現できるようになったということ。

ニコの好きな場所は、私の仕事椅子の上——ふつうのオフィス用の椅子なので、ニコを自分の後ろに座らせて、私はニコをつぶさないように、前の方に腰掛けて仕事をしなければならない。

それから私のベッドのすみのニコ用ベッド。この頃チトーが手当たり次第に壊さなくなったので、ニコのベッドもまだ生きのびている。

それからケージの中。チトー用としてカマダ先生に貸してもらったやつ。その中でチトーにゴハンを食べさせて慣らしていこうとしていたが、警戒して、奥の方に入ろうとしないので、けっきょく植物の鉢置き場になっていた。その中にも、ニコ用ベッドを置いてある。

２０２３年の2月から、ずいぶん間が空きました。11月にニコが来て、２０２４年になり、今は2月。あとひと月の3月になったら、チトーがうちにやって来て3年目になります。

去年の2月から、だいぶ変わったような。ぜんぜん変わらないような。小さい事件はいくつも起こり、騒ぎ、心配し、落ち着きました。チトーはまだリードがつけられないし、まだ外に行かれません。困ったなあ、私が死んだら、病気になったら、どうしたらいいんだろうと、それればかり考えています。人にもそればかり言っています。でもこの間、今のチトーがどんなふうに暮らしているか、友人に話していたら、「すごいじゃない」と言われました。

「え、そうかな」

「そうですよ、それじゃもう、ふつうの飼い犬みたいになってるわけじゃない？」

「でもリードはまだつけられないし、いつもびくびくして、近寄るとぱっと逃げるし」

「でも逃げないときもあるんでしょう？」

ああ、そういえば。

2023年の2月の、長い留守から帰った私は、こう書きました。

「クレイマーが泣きながら飛びついてくる。チトーが周囲をうろうろする。クレイマーが泣きながら頭を私の股に突っ込む。メイ来る。チトー来る。メイ、体をこすりつける。チトー、鼻で私を突っつく。クレイマー、すすり泣いて身悶《みもだ》えする。チトー、さらに突っつく」

1年経《た》った今は、こんな感じです。

クレイマーが泣きながら飛びついてくる。泣きながら頭をすりつけたり、私の股の間に突っ込んだりしていると、チトーもいっしょに顔を突っ込んでくる。ときどき私の腕を「おかーさん、みて、みて」というように嚙んでくる。うれしくてぴょんぴょんして、メイに襲いかかって組み伏せ、またこっちに来て、私の身体に触れようとする。——かかわり方が、とても濃厚になっています。

それから、たとえば雨の日は——。

濡《ぬ》れたクレイマーを私がタオルで拭いていると、チトーは興奮して走りまわり、お尻を突き出してきたり、タオルをひっぱってみたり、私の手を噛んでみたり。「あたしもあたしも」の自己主張でいっぱいになり、私が手でチトーのお尻をかいてやったりすると（少しずつかきかきできるようになった）、受け入れて、身をよじらせて気持ちよがる。

それからたとえば、見知らぬ人が来たときは——。

さっと隠れますが、またすぐに出てくる。以前は隠れたままでした。今は、お客さんがチキンやレバーを持っていれば、会ったその日に、びくびくしながら近づいて、手からもらう。そしてそのまま近くにいる。

それからたとえば、留守番のミナに対して——。

ミナは、何度も、私が長い留守をするたびに住み込みで来てくれたんですが。うちには数段の階段で下りていく半地下の部屋があり、そこに寝泊まりするわけです。クレイマーもすっかりなついて、下りていって、ミナのベッドの脇の床にマットを敷いてもらってそこに寝たりする。いつのまにかチトーもいっしょに。ということは、チトー、階段を下りられるようになっている。のぼることもできるようになっている。以前はできなかったことです。そしてついに「夜中に重いなと思ったら、ベッドにチトーがいた」とミナから証拠写真が送られてきました。

それからたとえば、チトーの頭――。

ある日、仕事中に、何か重たくて温かいなあと思ったら、チトーが、私のふとももに頭を乗せて、じっと私を見ていたなんてことが再々あります。

２０２３年の秋、９月20日には、こんなことがありました。あまりうれしかったので、カレンダーに書き込みました。「チトー、ブラシ」と。

換毛《かんもう》期でした。それで他の子たちをブラッシングしていました。そのときチトーがまわりをうろうろしているので、さっと手を伸ばして、チトーのお尻をひとこすり。ブラシに白いふわふわの毛がいっぱいついてきました。

チトーが捕獲されたのは、まだ、母犬にぺろぺろなめて全身をきれいにしてもらっていた年頃だったと思います。母代わりになったクレイマーも、さすがに、ぺろぺろなめてやることはしてなかったから、これまで、汚れをなめてきれいにしてもらうことなく、抜けた毛を取り除いてもらうこともなく、今まさに、たまりにたまったものがぞっくりと取れたわけです。よほど気持ちよかったに違いなく、またチトーはすでに「手でかきかき」の快感を味わっていたので、ブラシ、大好きになり、ブラシ・パーティーをするたびに加わるようになりました。後ろからそうっとしっぽのつけ根にブラシをあてると、そのままやらせてくれる率が高いんですが、それでもやっぱり、びびるのはやめられず、逃げるときもあり、逃げないときもある。でもどんどんできるときの方が多くなっていきます。

寝る前には、「ナイナイ」の儀式をします。

ナイナイというのは、イギリス人の夫が使っていた「おやすみ」の幼児語。これは、もしかしたら、ニコが加わってから、私が始めた新儀式かもしれません。

なにしろニコは、私がひとりになってからうちに加わってきた、ブレーメンの音楽隊みたいな犬猫たちとは違って、私の家に家族がいっぱいいて、ちゃんと機能していたときから、いっしょに暮らしていましたから。

アメリカから連れてきたクレイマーでさえ、娘たちがみんな自立して、夫と私が二人になり、その夫が老いて動けなくなったときに飼い始めた犬でした。

親が子どもにナイナイと言ってベッドに入れる。夫が妻にナイナイと言って電気を消す。そんなようすを見てきたニコがやって来て、私が、そういうことを思い出したのかもしれませんね。

さあ寝ようかなと私が立ち上がると、それまで私のベッドに寝ていたクレイマーとチトーが居間の犬ソファに移っていきます。猫たちは、それぞれの場所にいます。それで私は、ベッドを寝られるように整えてから、ひとりずつ、ナイナイと挨拶をしてまわるわけ。

まずクレイマーを抱きしめて「クレイマー、ナイナイ」と言う。クレイマーは抱きしめられるのが大好きなので、満足のため息を「ぐう」とついて返事してくれます。

この時点で、以前なら、チトーはさっと逃げていたんです。でも今はそのまま隣に座っています。それで、「チトー、ナイナイ」と言って頭をなでる。チトーはそのまま頭をなでさせてくれるのです。

猫檻《おり》にいるテイラーに、「テイラー、ナイナイ」

ヒーターの前にいるメイに、「メイ、ナイナイ」

ひとりずつ声をかけ、それからニコを抱えてベッドに入ります。夜中にはみんな移動していて、朝になるとチトーは私のベッドの上にいるし、クレイマーは私の部屋の肘掛け椅子に座っている。テイラーは私のふとんの中にいる。メイは私が動き出すやどこかからテレポートしてくる。そしてニコは、もう下痢もせず、枕元のニコ用ベッドでぐっすり眠っていて、みんながゴハンを食べ始めるまで起きてきません。

この頃は、チトーの顔が笑っているのです。

私が居間の犬ソファに座って（座り心地悪いなあ、いいソファがほしいなあと思いながら）、膝の上にニコを抱いている。すぐそばに、チトーが寝そべっている。「チトー」と呼ぶ。しっぽがゆっくり動く。チトーともう一回呼ぶ。こっち向いてもっと大きく動く。「さーて、なにかおいしいものたべようかなあ」と言うと、大きくぶんぶんする。

今まで飼っていた犬たちが、ゴハンというと狂喜し、サンポというと乱舞してました。チトーにサンポという言葉がないだけで、ゴハンとかタベルとか聞くと、興奮して、おいしいものを見せると、跳ね上がって喜び、喜んでいる自分の喜びを信頼し、私に喜びを分け与えてくれるんです。

ニコが来て、群れの仲間として受け入れてからは、一段とチトーが近くなりました。私がいつもニコを抱いてるから（なにしろひとりで動けないので）、嫉妬みたいな感情が、チトーだけじゃなく、クレイマーにも、猫たちにも、マイルドに、いい具合に、作用し

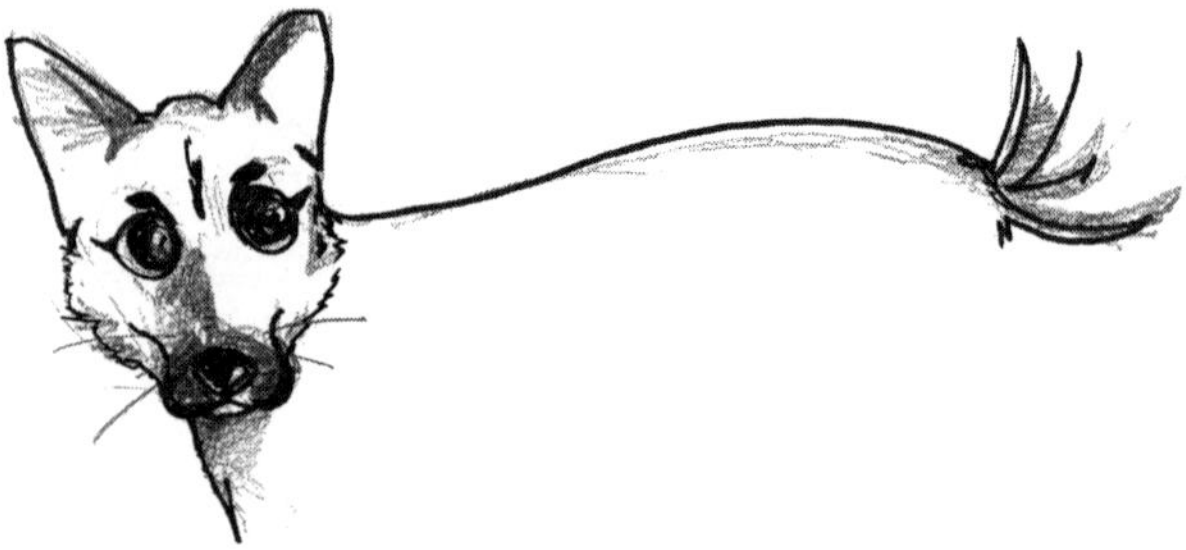

てるようです。

ところが、不思議なことがある。

クレイマーを散歩に連れ出して、車に入れて、忘れ物に気がついて、私だけ家に戻ったようなとき。

チトーはいません。出ても来ません。私のベッドに座って、私のことを、あんただれ？　というように見て、身体を硬くしている。おやつを見せても近寄ってこない。投げてやると、まあ、食べないでもない。

ほんとに不思議です。

私を信頼しているようですけど、私よりクレイマーをより信頼していて、私への信頼は、私がクレイマーの群れにいる、というところからできてるように感じます。実は私が、クレイマーの飼い主なんですけどね。

２０２４年のお正月には能登《のと》の地震がありました。数年前には熊本の地震もありました。またそんなことが起こったら……。これだけの犬猫を抱えて、逃げられませんね、私は。

この家が崩れたら、テントでも張って暮らすしかない。チトーがリードをつけられないから、車中泊もできない。そもそも地震に驚いて家から飛び出して……なんてことになりゃしないか。雷が鳴ると、私の部屋のすみの机の下に入って震えてるから、もしかしたらチトーは安全かもしれません。

できるだけのことは考えます。あとは野となれ山となれ。でもこれだけは心に決めています。私は、チトーが死ぬまで、死ねません。

初出

「小説宝石」

二〇二一年七月号～二〇二三年七月号掲載
（二〇二一年七月号、八・九月号、二〇二三年三月号休載）
二〇二四年三月号掲載

伊藤比呂美（いとう・ひろみ）

1955年東京都生まれ。詩人。'78年に『草木の空』でデビュー。80年代の女性詩ブームを牽引。結婚、出産を経て'97年に渡米。詩作のほか小説、エッセイ、新訳、人生相談など幅広い創作活動を行っている。『ラニーニャ』で野間文芸新人賞、『河原荒草』で高見順賞、『とげ抜き　新巣鴨地蔵縁起』で萩原朔太郎賞、紫式部文学賞受賞。ほかに『女の絶望』『父の生きる』『いつか死ぬ、それまで生きる　わたしのお経』『人生おろおろ　比呂美の万事OK』『森林通信』など著書多数。

野犬《やけん》の仔犬《こいぬ》チトー

2024年5月30日　初版1刷発行

著　者　伊《い》藤《とう》比《ひ》呂《ろ》美《み》
発行者　三宅貴久
発行所　株式会社 光文社
〒112-8011　東京都文京区音羽1-16-6
電話　編　集　部　03-5395-8254
書籍販売部　03-5395-8116
制　作　部　03-5395-8125
URL　光　文　社　https://www.kobunsha.com/

組　版　萩原印刷
印刷所　堀内印刷
製本所　ナショナル製本

ISBN978-4-334-10327-9